Das transzendentale Gesicht
der Welt

NATURPHILOSOPHIE UND PHYSIK

DAS TRANSZENDENTALE GESICHT DER WELT

DER ZUSAMMENHANG ZWISCHEN PHYSIS UND PSYCHE

VON

MAX VALIER

Die Blaue Edition Bd. 6

Bibliografische Information der Deutschen Nationalbibliothek:
Die Deutsche Nationalbibliothek verzeichnet diese Publikation in der
Deutschen Nationalbibliografie; detaillierte bibliografische Daten
sind im Internet über dnb.dnb.de abrufbar

Neubearbeitung

Herstellung und Verlag: BoD – Books on Demand, Norderstedt

ISBN: 978-3-7557-1730-0

Inhaltsverzeichnis

VORWORT

Wer in diesem Buch Sensationen sucht, wird nicht auf seine Rechnung kommen. Die Blätter, welche wir hier zum ersten Mal über eine Hypothese und deren experimentelle Bestätigung gesammelt haben, sollen und dürfen nichts anderes enthalten als das, was wir nach unseren geistigen und geringfügigen instrumentellen Mitteln bisher — das heißt bis zum Abschluss der ersten Versuchsgruppe — in Bezug auf das Problem der psychophysischen Welle abgeleitet, beziehungsweise erarbeitet haben. Wir sind uns voll bewusst, dass des Positiven wenig ist, aber wir wissen auch, dass das Wenigste, wenn es nur wirklich positiv ist, zu ungeheurer Bedeutung anwachsen kann. Dass diese Schrift sich Feinde und Gegner schaffen wird, scheint uns gewiss; ob sie sich Freunde, uns Anhänger zu erwerben vermag, kann erst die Zukunft lehren. Doch, wie es auch sei!

Mag dieses Büchlein trotz Allem das Licht
der Welt erblicken. Kann es für den
Agnostiker nicht Leuchte zu neuer
Erkenntnis sein, so ist es doch
gewiss auch ihm ein Licht, zum
Schauen in die Perspektiven
epochaler Finsternisse

Der Verfasser

Bozen in Tirol, zu Weihnachten des Jahres 1920

ERSTER HAUPTTEIL

Die Lehre von der psychophysischen Welle ist nicht auf die Versuche gegründet worden, welche sie heute zu bestätigen scheinen, sondern sie war längst als Hypothese im Geiste des Verfassers fertig, ehe er Experimente anstellte, ja bevor er von solchen Versuchsanordnungen oder von anderer Seite hervorgebrachten Phänomenen überhaupt etwas Positives wusste. Ihre Grundlage reicht vielmehr unvergleichlich tiefer; ja ihre eigentlichste Wurzel treibt sie bis zum untersten Schoße des Seienden hinab.

Es würde dem Verfasser auch sonst niemals eingefallen sein, sozusagen in der Luft, eine Hypothese über einen Komplex von „okkulten" Erscheinungen aufzustellen, zur Klärung von Fragen auf einem Gebiet, dessen Erforschung ihm als einem naturwissenschaftlich-technisch denkenden Menschen zunächst gänzlich fern zu liegen schien, wenn nicht eine eigentümliche Verkettung von ursächlichen Beziehungen ihn dazu gezwungen hätte.

Als Konsequenz aus dem Gedankengang seines metaphysischen Weltsystems erscheint daher dem Verfasser wie von selbst seine Hypothese von der psychophysischen Welle und er müsste sie hinnehmen auch dann, wenn ihr die experimentelle Bestätigung versagt geblieben wäre.

Um ein volles Verständnis und eine richtige Einschätzung der im eigentlichen, dritten Hauptteil dieser Schrift bekanntgegebenen Experimente anzubahnen, erscheint es daher dem Autor unerlässlich, auch den Leser vorerst jenen Weg zu führen, welcher ihn selbst zur philosophischen Überzeugung von der Existenz einer noch unbekannten Wellengattung geleitet hat.

* * * * *

Schon vor dem Kriege, als der Verfasser noch an der Universität inskribiert, hauptfachlich Astronomie, Mathematik und Physik studierte, konnte es ihm nicht entgehen, dass zwischen den Naturwissenschaften und der Naturphilosophie von heute ein gewisses Missverhältnis bestand, ein zunächst schwer zu definierendes Nichtentsprechen im natürlichen Rangverhältnis dieser beiden Disziplinen zueinander. Auch anderen Herren Kollegen war dieser eigentümlich unbehagliche Zustand bekannt und mehr als einer hat in seinen Schriften seither sich darüber ausgesprochen. Auch hier soll davon die Rede sein, war doch dieses Unbefriedigtsein eigentlich das antreibende Moment für den Autor, in faustischem Ungenügen mit dem Vorgegebenen über dieses hinauszustreben.

Die folgenden Zeilen wollen dem geneigten Leser sagen, was damit gemeint sein soll.

Die Philosophie, nach ihrem ganzen Charakter dazu berufen, mit schöpferischem Genius, der keine Schranken kennt, jeder exakten Forschung voranzugehen, hatte seit dem Auftreten der großen Agnostiker von der Schwungkraft ihrer Flügel eingebüßt, und war im Vorkampf um die Palme der Erkenntnis von den experimentellen Wissenschaften überholt worden.

Die unerhörte Häufung der Entdeckungen im letzten Dutzend Dezennien, das Sichüberstürzen der Erfindungen auf technischem Gebiet, der machtvolle Vorstoß des Menschen in der Nutzung der Naturkräfte, hatte die philosophische Disziplin ins Hintertreffen gebracht und ohne die notwendigen, gewaltigen, führenden Geister hilflos, musste sie es geschehen lassen, dass sie ihre natürliche Stellung als höchste Instanz der Naturerkenntnis — scheinbar wenigstens - verlor. Dafür stiegen die Experimentalwissenschaften, voran die moderne Physik und Chemie, aber auch die Medizin, gleich Meteoren vor den Augen der staunenden Menschheit, getragen von sich täglich überbietenden Erfolgen, empor.

So allein ist es heute verständlich, dass der Geist des reinen Materialismus, dass der Gedanke einer im materiellen Sinne monistischen Welt, derartige Macht über den Großteil der Menschen erlangen konnte, dass vor seiner Überkraft die seit Jahrtausenden gleichen Einwände der Philosophie, trotzdem sie ihre Grundlage unmittelbar in den obersten Denkgesetzen, dem Satz von der Identität und dem von der Kausalität, schöpfen, erdrückt schienen. Allerdings trug die Philosophie durch ihr Verhalten selbst dazu bei, denn sie war mindestens im Verhältnis zum Aufschwung der reinen Naturwissenschaften, zurückgeblieben. Anstatt der modernen Chemie und Physik Führerin zu sein, indem sie zum Beispiel selbst den Grundgedanken von der Auffassung alles Geschehens in der Welt der Erscheinungen als Bewegung, ausgesprochen hatte, ließ sie sich diesen Triumph entgehen und von der wissenschaftlichen Naturforschung vorwegnehmen.

Dieser konservative Geist der philosophischen Disziplin musste natürlich auch im Lehrbetrieb der Hochschulen die Vorlesungen, insbesondere über Metaphysik für denjenigen Hörer, der vom naturwissenschaftlichen Fach her kam, unbefriedigend gestalten. Für manchen Anlass, sich ganz von der Philosophie, als Grundlage moderner Naturforschung, loszusagen.

Fragen türmten sich über Fragen, auf welche die Philosophie die Antwort schuldig blieb. Dass deren Lösung nicht im Sinne des Materialismus oder Monismus gelingen konnte, schien von vorneherein klar. Dass auch mit der dualistischen Weltauflassung nicht das Auslangen gefunden werden könne, schien nach deren bisherigen Leistungen auf rein naturwissenschaftlichen Gebieten wahrscheinlich.

In der Tat ergab sich endlich die Lösung des Problems im Aufbau eines trialistischen Weltsystems.

Während die Darstellung dieser Lehre von der Dreifaltigkeit des Seienden einer besonderen Schrift vorbehalten bleiben muss, soll hier nur das für die Ableitung der Hypothese von der psychophysischen Welle Notwendige gesagt werden.

1. Kapitel. Vom Wesen des Urseins

Es muss als oberste Gewissheit gelten, dass im letzten Grunde das Sein allein (welches wir von nun an in dieser Bedeutung das Ursein nennen wollen) in höchster Ordnung seines Wesens existiert.

Diese Definition vermöchte als Grundlage einer im wahren Sinne des Wortes monistischen Weltauffassung zu dienen, wenn wir Menschen fähig wären, das Ursein als Ganzes, als ungeteilte Einheit zu erfassen und zu begreifen.

Was ist — das ist!

Daran vermögen wir Menschen nichts zu ändern; nur unsere Auffassung darüber, was es heißen soll zu sein, steht bei uns und in ihr unterscheiden sich unsere Weltsysteme. Diese reichen also gar nicht an das Ursein selbst heran, sondern sind nur Reflexionen über jenes, welche ihre Daseinsberechtigung darin schöpfen, ihrem jeweiligen Urheber zu genügen.

Dem Verfasser schien es zweckmäßig, den Inbegriff des Urseins in drei Hauptargumente zu zerlegen, gleichsam die Ureinheit in eine Dreiheit zweiter Ordnung gedanklich zu entfalten; in eine Dreifaltigkeit, deren jedes Teil für sich allein einen klar umschriebenen Begriff vorstellt, aber auch nur einen Begriff, der, um existent zu sein, das Mitdasein der anderen beiden Teile erfordert und der zu diesen in einem ganz bestimmten Verhältnis steht; mit ihnen beiden zusammen aber nur eine Einheit der Höheren Ordnung, in diesem Falle die Ureinheit des Urseins bildet.

Diese einfachsten drei Seinsweisen, in welche das Ursein zerlegt gedacht wird, sind: das Möglichsein (die Möglichkeit), das Geistigsein (Geistigkeit) und das Wirklichsein (Wirklichkeit).[1]

Um sich eine Vorstellung davon, was darunter verstanden werden soll, machen zu können, diene folgendes Beispiel. Wir wollen annehmen, eine hölzerne Kugel befinde sich in unserer Hand.

Fragen wir jetzt einen Materialisten (oder Monisten), was er damit meine, wenn er sage: „die hölzerne Kugel sei in unserer Hand", so wird er antworten, dass er darunter verstehe, dass diese hölzerne Kugel insofern vorhanden sei, als sie aus den letzten Urteilchen der Materie sich zusammensetze, die uns in ihrer Gesamtheit den durch unsere äußeren Sinne vermittelten Eindruck einer hölzernen Kugel machen. Für ihn ist mit der Erklärung von der materiellen Existenz die Frage erledigt. Etwas Zweites gibt es nicht.

Stellen wir an einen Dualisten dieselbe Frage, so wird auch er zunächst der Meinung Ausdruck verleihen, dass die Kugel materiell atomistisch vorhanden sei, dass sie aber diese Existenz nicht aus sich selbst heraus besitze, sondern dass die Urbestandteile ihres materiellen Daseins einem Schöpfungsakt durch eine von der Materie wesensverschiedene Potenz ihr Vorhandensein verdanken. Etwas

---

1   Vgl. hierzu "*Sedlacek: Supervereinigung, -Neuausgabe - S. 10 ff., Norderstedt 2017, ISBN 978-3-7431-4959-5*":Dort heißt es: "Die geringste Zahl möglicher Prinzipien ... ist drei. Diese drei sind 1. die Substanz, 2. die Vorgänge und 3. die Eigenschaften. Keines der letzten Prinzipien kann durch eines der beiden anderen ersetzt werden...."
Die Substanz entspricht dem Wirklichsein, die Vorgänge der Geistigkeit und die Eigenschaften der Möglichkeit.

Drittes gebe es nicht, denn diese geistige Potenz selbst sei der Urgrund aller Dinge.

Unsere Meinung schließt sich nun den vorhergehenden insofern an, dass auch wir nur bekräftigen können, dass die hölzerne Kugel, die wir in unserer Hand halten, atomistisch-materiell vorhanden ist, dass sie diese Daseinsweise nicht aus sich selbst hat, dass aber auch jene geistige Potenz die hölzerne Kugel nur deshalb erschaffen konnte, weil dieselbe schon — sozusagen vorher— möglich war.

Dass diese letzte Ausführung nicht überflüssig ist, wird sich sogleich erweisen. Es ist sogar nötig, noch schärfer auf den Gedanken einzugehen, denn nur auf ihn wird sich nachher alles, was wir zur Definition der psychophysischen Welle brauchen werden, streng logisch aufbauen lassen.

Diese Möglichkeit wird dabei als dasjenige Argument des Urseins definiert, aus dessen axiomatisch notwendigen Vorgegeben-sein, jede physische oder psychische Realität ihre Fähigkeit zur Existenz schöpft.

Alles, was physisch oder was psychisch ist, muss gleichsam vorher möglich gewesen sein, nicht aber alles, was an sich möglich wäre, muss auch verwirklicht sein.

Wir sehen daraus, dass die „Möglichkeit" unter den drei Argumenten, in welche wir das Ursein gedanklich zu zerlegen uns vorgenommen haben, gewissermaßen die erste Stelle einnimmt, denn aus dem Vorgegebensein der notwendigen und hinreichenden Möglichkeit ist allein eine geistige Potenz oder eine materielle Existenz erklärbar. Wenn wir uns also bei der Erforschung der tiefsten Zusammenhänge des Seienden nicht einer schweren Unterlassung schuldig machen und uns nicht jeden Boden für den späteren Aufbau selbst wegziehen wollen, müssen wir das Argument der Möglichkeit als vollwertiges Glied des Urseins anerkennen.

Es könnte nun der Einwand erhoben werden, dass, wenn schon die Möglichkeit axiomatisch notwendig sei für jede existente Wirklichkeit, doch mit diesen beiden das Auslangen gefunden werden könne und dass die Geistigkeit als ein besonderes Argument entbehrlich wäre.

Dem ist jedoch nicht so. Wir müssten der Möglichkeit im Widerspruch mit der Forderung der Homogenität und Einheitlichkeit der Definition, welche wir von ihr gegeben haben, auch noch die Fähigkeit zuerkennen, sich selbst zu verwirklichen. Wir müssten dann verlangen, dass das Wirkliche, darunter dann eben verstanden das rein Materielle, aus dem Nichts (welches nichts anderes ist als die Möglichkeit) von selbst geworden sei.

Diese Annahme aber führt auf einen Widerspruch und sie kann auch, abgesehen von der alten Einwendung, dass der Satz selbst: „dass das Wirkliche aus dem Nichts aus sich selbst geworden sei" einen inneren Fehler enthalte, leicht von einem völlig anderen Gedankengang aus widerlegt werden.

Wir betonen nochmals: In Wahrheit ist das Seiende selbst natürlich nur ein (eins), ungeteilt, ganz und wirkt aus sich, durch sich und in sich.

Dies vermögen wir uns aber menschlicherweise nicht vorzustellen, auch fehlen uns völlig die Worte, um uns darüber auszudrücken. Um eben diese Schwierigkeiten zu beseitigen, haben wir vorhin ganz willkürlich zwecks besserer Durchleuchtung der verwickelten Verhältnisse, das Ursein in eine Dreiheit von Argumenten zerlegt, die wir als Möglichkeit, Geistigkeit, Wirklichkeit bezeichnet haben. Wir dürfen nun nicht vergessen, dass wir durch diese Namensgebung auch diese drei Seinsweisen ihrem Wesen nach bindend charakterisiert haben. Es hieße nun denselben Fehler machen, den ein Mathematiker dann beginge, wenn er den Größensymbolen, die er zu Beginn seiner Berechnung gewählt hat, während der Rechnungsdurchführung verschiedene Bedeutungen zulegen wollte. Wir würden also unsere eigene Definition der Möglichkeit Lügen strafen, wenn wir ihr auch noch dazu die Eigenschaft der Fähigkeit zur Wirkung zulegen wollten. Diese Fähigkeit zur Wirkung, resp. zur Verwirklichung von Möglichkeiten, ist ja eben das, was wir als zweites Argument, als Geistigkeit, oder geistige Potenz bezeichnet haben. Wir würden also lediglich eine Begriffsvermischung und damit eine Begriffsverwirrung verursachen, wenn wir jetzt zugeben wollten, mit der Möglichkeit und Wirklichkeit allein das Auslangen finden zu können.

Nachdem die Möglichkeit aus sich selbst heraus nicht zur Selbstverwirklichung fähig gedacht werden kann, sondern von uns durch die ganze Definitionsweise diese Fähigkeit „zu verwirklichen" ausdrücklich als das besondere Argument der geistigen Potenz bezeichnet worden ist, müssen wir diese jetzt selbst anerkennen und ihr mit Notwendigkeit nun auch den zweiten Rang in der Dreifaltigkeit der Seinsweisen zubilligen, so dass die Wirklichkeit nicht nur als das zufällig an dritter Steile genannte, sondern als das tatsächlich dritte Argument erscheint, nur dann als realisiert denkbar, wenn sozusagen schon vorher sowohl die Möglichkeit als auch die geistige Potenz vorhanden gewesen sind, aus welcher, bezw. durch welche die Wirklichkeit in ihr Dasein gerufen worden ist.

So sehen wir denn jetzt, dass alles, was die sogenannte Welt der Erscheinungen ausmacht, jene Welt, in der wir in Wahrheit leben, fühlen und denken, auf dreifache Weise ist; Kind von zwei Eltern, hervorgegangen einerseits, insofern sie eine materielle Verwirklichung einer vorhanden gewesenen Möglichkeit ist, gewissermaßen direkt aus dieser, aber indem der Akt der Verwirklichung vollbracht wurde durch das Eingreifen der geistigen Potenz.[2]

Daraus ergibt sich aber als notwendige Folge, dass alles, was in Wirklichkeit ist, weil es aus der Möglichkeit einerseits und durch die geistige Potenz anderseits hervorging, sei es ein Urkorpuskel, ein Atom, eine Amöbe, eine Pflanze, ein Tier oder der Mensch, auf seine eigentümliche Weise teilhaben muss an den wesentlichen Eigenschaften der Eltern, die es erzeugten, dass jedes Ding im Reich der Natur, scheine es lebend oder tot, auf seine geheimnisvolle Weise ebenso wie es gleichsam ein Abbild ist der Möglichkeit, aus welcher es hervorging, auch ein Spiegelbild ist der Geistigkeit, durch die es geschaffen wurde.

Damit haben wir aus der alleinigen Setzung des Urseins und durch die Zerlegung in drei Argumente kraft unserer Definitionen eine Antwort gefunden auf die Frage:

Was heißt es, in Wirklichkeit zu sein?

---

2   a.a.O. S. 13: Es handelt sich um einen Vorgang bzw. Prozess, also eines der drei Prizipien. Ein Prozess ist definiert als die Gesamtheit von aufeinander einwirkenden Vorgängen in einem System, durch die Materie, Energie oder Information umgeformt, transportiert oder gespeichert wird.

2. Kapitel. Vom Wesen der wirklichen Welt

Die grundsätzliche Auffassung von der wirklichen Welt, die wir als Frucht unserer Betrachtungen im ersten Kapitel geerntet haben, ist nun wohl geeignet, die Ausdrucksweise des Materialisten wie des Dualisten als unzureichend erkennen zu lassen, jedoch in der Form, wie wir sie jetzt herübernehmen, noch weit davon entfernt, selbst Inhalt einer vollkommen klar schauenden Erkenntnis zu sein.

Es wird also, ehe wir unserem eigentlichen Ziel, der Ableitung der psychophysischen Welle, näher streben, unsere Aufgabe sein müssen, noch tiefer in den Begriff der wirklichen Welt einzudringen, solange, bis wir ihre Wesenheit vor uns gleichermaßen in klar definierten Argumenten entfaltet sehen, wie dies oben beim Ursein der Fall war.

Wenn wir jetzt von der Wirklichkeit sprechen, so meinen wir also nicht jene Welt der Erscheinungen allein, die man als diejenige definiert hat, welche uns durch unsere Sinne wahrnehmbar gemacht (oder vielleicht nur vorgetäuscht?) wird, deren Realität also bestenfalls eine nur scheinbare sein kann. Wir sagen nicht von einem eisernen Würfel, den wir in unserer Hand halten, mit dem Allesbezweifler und Solipsisten, dass die Realität des Vorhandenseins desselben nur eine scheinbare, von den Sinnen vielleicht vorgetäuschte sei, aber wir sagen auch nicht mit dem reinen Materialisten, dass sie sich darin erschöpfe, dass der eiserne Würfel als eine Summe von kleinsten materiellen Körperelementen vorhanden sei: Wir behaupten vielmehr, dass jedes kleinste Teilchen dieses Würfels, ebenso wie es eine verwirklichte materielle Möglichkeit, gewissermaßen eine homogen erfüllte vorher bloß mögliche Ausgedehntheit ist, dadurch, dass es durch die höchste geistige Potenz „aus dem Nichts" das heißt aus eben dieser noch unwirklichen Möglichkeit geschaffen worden ist, auch partizipiert an und durchdrungen ist von der geistigen Potenz, die es erschuf.

Es ist also jedes Urkörperchen der wirklichen Welt eigentlich ein kleinwinziges Tripelwesen, denn in ihm erfüllt sich sowohl eine physische, wie eine psychische Existenz und hinter ihnen beiden steht die Möglichkeit zu solchen beiden.

Nun, wo wir diese Tripelallianz der Seinsweisen in der Welt der Wirklichkeit ein für allemal klar ausgesprochen haben, dürfen wir uns wieder eine Vereinfachung gestatten. Wir können nämlich von jetzt ab in Zukunft, wenn es sich um die Betrachtung lediglich von Vorgängen und Erscheinungen in der wirklichen Welt handeln wird, von der jedesmaligen besonderen Erwähnung der Möglichkeit Abstand nehmen und so verfahren, als wäre die Welt dualistisch aufgebaut. Dass wir uns diese Vereinfachung jetzt erlauben dürfen, ist klar, denn nach unserer ganzen Definition von der Möglichkeit ist es offenbar, dass diese selbst bei Vorgängen und Erscheinungen niemals als Agens in aktiver Beteiligung auftreten kann, sondern dass sie gleichsam immer bloß als der latente Boden für das Geschehen dient.

Jedes Urkörperchen dieser Welt ist uns also nun ein winziges Doppelwesen, in welchem sich ein Element physischer Realität mit einem psychischer Realität gepaart uns darbietet.

Offenbar befinden wir uns nun unmittelbar vor dem höchsten Rätsel dieser wirklichen Welt, wenn wir jetzt die Frage nach dem Wesen und der Art dieser geheimnisvollen Verbindung zwischen materieller und geistiger Existenz stellen, wenn wir nun in das Mysterium des Nexus zwischen Physis und Psyche einzudringen versuchen.

Die unermessliche Wichtigkeit dieser Frage liegt auf der Hand, denn je nach ihrer Lösung wird das Weltgebäude, das sich nun bald aus den Grundfesten vor uns erheben soll, ausfallen müssen.

Bis vor relativ kurzer Zeit war die Frage eigentlich nur in Bezug auf das Problem: Mensch aktuell gewesen, denn nur im Menschen (höchstens noch in den höher entwickelten Tieren) schien ein wahres Doppelwesen gegeben zu sein, ein Wesen, das aus zwei wesensverschiedenen Teilen bestehen sollte, die man mit den Worten Körper und Seele schon sprachlich verschieden bezeichnete.

Dem Materialismus in seinem Bestreben, auch in Bezug auf den Menschen diese Duplizität der Wesensart abzuleugnen, und sein ganzes Sein in einen Wirbel von Atomen aufzulösen, gebührt die Ehre und das Verdienst, jene vom Dualisten noch recht selbstgefällig gestellte Frage: Was heißt es — ein Mensch zu sein? dahin erweitert zu haben: Was heißt es — überhaupt zu leben?; ja endlich: In welchem Verhältnis steht das Lebende zu dem Leblosen und wie könnte das Lebendige aus dem Unbelebten hervorgegangen sein?

Diese Erweiterung der Fragestellung war eine Tat von gleichem Rang, wie jene von Kopernikus, Kepler und Galilei, da diese Männer mit der alten, die Erde eigendünkelhaft für das Zentrum des Weltalls erklärenden Anschauung brachen und sich vom geozentrischen Standpunkt zu dem heliozentrischen erhoben. Hieß doch die Umformung der Frage nach dem Grundrätsel dieser Welt nichts anderes als mit dem alten anthropozentrischen Standpunkt aufzuräumen und zu einem allgemeineren, höheren, dem biozentrischen vorzuschreiten.

Aber auch die Frageformulierung des Materialismus vermag noch nicht unsere volle Befriedigung zu bewirken. Auch diese Fragestellung hängt noch in der Luft. Ihr fehlt die Fundierung aus den letzten Tiefen der Metaphysik heraus, ohne welche jede Antwort anfechtbar bleibt.

Wir werden uns diesen Vorwurf nicht zu machen brauchen, wenn wir jetzt zu einer Neugestaltung der Problemstellung schreiten, denn wir haben den Weg aus der Tiefe bis zur Höhe der augenblicklich gepflogenen Betrachtungen bereits zurückgelegt.

Wir haben schon beantwortet, was es überhaupt heißt: zu sein! Ebenso, was es im Grunde heißt, wirklich zu sein, und wir wissen, dass darunter jene dritte Seinsweise verstanden werden muss, in welcher die Verwirklichung einer Möglichkeit zu einer materiellen Existenz gepaart mit der Verwirklichung einer Möglichkeit zu einer psychischen Existenz, kraft des Aktes der psychischen Potenz vorliegt.

Daraus ergibt sich aber jetzt klar, dass auch das, was wir, zum Unterschied vom Leblosen, Lebendiges nennen, nichts anderes sein kann als eine besondere Form, ein besonderer Grad, ein eigentümlicher Zustand, eine auserlesene Art jener geheimnisvollen Verbindung zwischen der physischen und psychischen Existenz in dieser wirklichen Welt.

In dieses Fundament der Erkenntnis des Seienden können wir nun getrost die gewaltigen Fragen meißeln:

Was heißt es allgemein, dass physische und psychische Welt sich in der Wirklichkeit durchdringen?

Was heißt es speziell, leblos, was heißt es, belebt zu sein?

Und insbesondere, was heißt es pflanzlich, was tierisch zu leben und endlich: Was heißt es, ein Mensch zu sein?

*****

Wir brauchen um die Antwort nicht zu bangen. Wir können fordern, dass uns eine Lösung wird, wenn überhaupt der Grund, auf den wir bisher bauten, nicht ein Gebilde leeren Wahns gewesen ist. Denn, wenn der Grund, die Setzung eines urgewaltigen Seins, standhält und wenn das logische Gesetz, nach welchem wir bisher der Ableitung gepflogen haben, zu Recht besteht, dann muss auch das, wozu es führt, zu Recht sein und das, was ist, kann nicht dem, was sein muss, widersprechen.

Es ist das Wesen und die Art einer geheimnisvollen Verbindung, welche wir nun erforschen sollen; offenbar, dass wir erst dann mit Erfolg auf den Kernpunkt der Frage werden eingehen können, wenn wir die beiden Bestandteile, welche sich in mystischer Durchdringung vor unseren Augen paaren, einer genauen Analyse unterzogen haben werden; denn je nach deren innerer Artung wird auch die Verbindung, welche sie untereinander einzugehen vermögen, beschaffen sein. Wir wenden uns daher im Folgenden zunächst zur gesonderten Betrachtung dieser selben.

3. Kapitel. Vom Wesen der rein physischen Welt

Wenn wir von einer Physis an sich und einer Psyche an sich sprechen werden, so müssen wir uns doch bewusst bleiben, dass auch hier wieder nur wir es sind, die rein gedanklich eine Zerlegung zwecks besserer Durchleuchtung des Problems vornehmen, dass es aber in Wirklichkeit gegen unsere ganze bisherige Ableitung wäre, jede dieser beiden Welten für sich auch nur einen Augenblick lang als allein-existent anzunehmen.

Die rein physische Welt sei für uns ein Begriff und nur ein solcher. Auch er ist in seiner Gesamtheit zunächst nicht gut erfassbar und es erweist sich wieder als vorteilhaft, eine Zerlegung in Elemente niedrigeren Grades vorzunehmen und diese Argumente durch ihre Definitionen festzulegen. Unter allen möglichen Arten, eine Zerlegung des Begriffes des Reinphysischen herbeizuführen, erweist sich wieder eine Scheidung in drei Argumente als außerordentlich fruchtbringend und unserem Gedankengang förderlich.

Wir wollen darum nicht anstehen, auch diese neue kleine Dreifaltigkeit im Physischseienden kennenzulernen.

Schon eine oberflächliche Betrachtung alles Geschehens in der realen Welt drängt uns das Urteil auf, dass bei allem, was geschieht, der sogenannte Stoff, die Kraft und die Zeit beteiligt sind.

Dabei sind dieser „Stoff", diese „Kraft" und diese „Zeit" eigentlich nur Abstraktionen, aber deswegen für unsere Erkenntnis für das Zustandekommen der Vorgänge nicht minder wichtig, als es etwa die Dinge dieser Welt selber wären, wenn wir imstande wären, sie wirklich unmittelbar zu erfassen.

Jedenfalls können wir, wenn wir uns einmal für die Bildung dieser abstrakten Begriffe entschieden haben, folgerichtig behaupten, dass bei allem, was in der rein physischen Welt geschieht, der Stoff als Eigenschaft einer materiellen Ausgedehntheit, die Kraft als das wirkende Agens und die Zeit als das jedem Geschehen charakteristische Nacheinander, wenn wir sagen wollen: als die Abwicklung desselben beteiligt ist. Es ist klar, dass es absurd wäre, Stoff und Kraft zu denken ohne die Zeit, Kraft und Zeit zu denken ohne den Stoff, Zeit und Stoff zu denken ohne die Kraft, oder gar nur je eines von den dreien für sieh allein als existent aufzufassen. Es sind immer alle drei Argumente notwendig, damit ein Geschehen denkbar sei.

Dies braucht uns freilich nicht gerade zu wundem, denn wir wissen ja, dass im Grunde das Geschehen selbst die rein physische Welt ausmacht, dass sie ist, indem geschieht und dass sie, wenn in ihr nichts geschähe, gleichzeitig ihre Existenz verlöre. Wir wissen aber auch, wenn uns die Erinnerung nicht ganz verlassen hat, dass ja nur wir es selbst gewesen sind, welche unter ausdrücklicher Betonung nur zur besseren Durchleuchtung der verwickelten Verhältnisse die Entfaltung der Einheit der höheren Ordnung in eine Dreiheit niedrigeren Grades vorgenommen haben; geradeso wie wir uns dann, wenn wir zuerst einen ganzen Apfel in drei Drittteile zerschnitten haben, nachher nicht wundern dürfen, dass die drei Drittteile zusammen ein Ganzes, resp. einen ganzen Apfel ausmachen und auch nicht darüber erstaunt sein können, dass je zwei von den drei Dritteln keinen ganzen Apfel ergeben. Dieses Gleichnis ist freilich noch in einer Hinsicht unvollkommen; denn während bei der Apfelteilung drei nicht nur der Größe, sondern auch dem Artcharakter nach gleiche Drittteile (nämlich Apfeldrittel und nicht einfach Dritteile) erhalten wurden, war dies bei unserer Zerlegung des Reinphysischseienden in drei Argumente nicht der Fall. Um das Gleichnis vollkommen zu machen, müssten wir z. B. eine Kugel nehmen, die wir dergestalt in drei Drittel zerschneiden können, dass jedes vom andern dem Beschaffenheitscharakter nach verschieden ist, zum Beispiel das eine Drittel durch Blei, das zweite durch Holz, das dritte durch Zucker symbolisiert wird. — Auch dann gilt noch immer, dass wir alle drei Drittel brauchen werden, um eine ganze Kugel zu erhalten, dass aber auch die Kugel nachher nicht ein Ganzes aus Blei, Holz oder Zucker vorstellt, sondern dass sie nur unter dem Begriff der höheren Einheit, nämlich als „Kugel" als Ganzes aufgefasst werden kann, nicht aber unter dem Begriff von einem der Beschaffenheitscharaktere Blei, Holz und Zucker.

Es könnte vielleicht scheinen, als bemühten wir uns hier, ganz selbstverständliche Dinge, gegen welche niemand Einwendungen machen kann, unnötigerweise zu verteidigen.

Gerade das Gegenteil ist der Fall, denn um nichts wurde von jeher in der Wissenschaft heißer gestritten, als gerade um die Argumente dieser rein physischen Welt und insbesondere in den allerletzten Jahren, wo sich die Naturwissenschaft an sich schon immer mehr den Grenzgebieten zwischen ihr und der Philosophie zuwendet, ist der Kampf lebhafter als je geworden, am allermeisten, seit durch die Aufstellung der Einsteinschen Relativitätstheorie eine förmliche Kriegserklärung an die Vertreter der „alten" Anschauungen erfolgt ist. Wenn die Sache mit den Argumenten der Welt so einfach wäre, dass man darüber gar nicht verschiedener Meinung sein könnte, dann wäre es unverständlich, wie sich eine neue, aus dem Boden derselben Naturwissenschaft hervorgegangene Interpretation derselben von der früheren derartig unterscheiden könnte.

Von dem Standpunkt aus, den wir gleich entwickeln werden, könnte sich freilich der Kampf der Naturgelehrten bald in Frieden schlichten, denn er erscheint, unter dieser Perspektive gesehen, nicht anders als ein Streit um des Kaisers Bart. Die Worte sind es und die Zusammenfassungen von solchen, durch welche sich die Gegner unterscheiden, die Dinge selbst, oder besser gesagt: Das Geschehen selbst bleibt natürlich ganz unbetroffen von der Vorstellung, die sich der oder jener von ihm macht bezw. von der Lehrmeinung über dieses, welche sich im Kopf des einen oder anderen Vertreters der wissenschaftlichen Disziplin gebildet hat und welche von diesem gleichsam auf das Geschehen selbst projiziert wird. Wir würden an dieser Stelle gerne über diese Streitfragen ganz schweigen, wenn nicht die Betrachtungen, welche wir bald dem Aufbau der eigentlichen Theorie von der psychophysischen Welle zugrunde legen werden müssen, uns dazu zwängen, um uns auf unserem Standpunkt vollkommen sattelfest zu zeigen, wenigstens die zwei hauptsächlichsten und bedeutungsvollsten Zusammenfassungen genau zu kennzeichnen, umso mehr, als sie in der modernen Physik zu Kennwörtern geworden sind, deren Charakterbild in der Geschichte schwankt, sodass dem weniger eingeweihten Leser ihr Sinn vielleicht nicht mehr ganz eindeutig scheinen könnte. Wir meinen den physikalischen Raum, und die physikalische Bewegung. Schon um dem Verdacht auszuweichen, als würden wir uns durch unsere scheinbar altmodische Zerlegung der rein physischen Welt in Stoß, Kraft und Zeit als Argumente uns auch in der Auffassung dieser beiden Begriffe zum Lager der Konservativen schlagen, müssen wir auf den Raumbegriff, ebenso auf die Bewegung eingehen.

Wenn wir die Zerlegung der rein physischen Welt in der oben von uns gewählten Form vornehmen, sodass Stoff, Kraft und Zeit die drei einfachen wesensverschiedenen Argumente sind, dann, aber auch nur dann muss uns der Begriff des physikalischen Raumes lediglich als eine Funktion dieser drei Argumente erscheinen, denn dann ist der Raum dasjenige, was von den Körpern als materiellen Ausgedehntheiten eingenommen wird, was zwischen Körpern liegt und was von Körpern durch die Kraft in der Zeit durchmessen wird.

Es wird sich als unmöglich erweisen, einen Fall zu finden, in welchem diese Definition des physikalischen Raumes sich als unzureichend ergibt. Es ist auch gar kein solcher Fall, aus Gründen innerer Logik, erdenkbar und infolgedessen möglich. Es geht also nicht an, den Raum als etwaiges Viertes den ursprünglichen Dreien zuzugesellen, weil er durch das Vorhandensein der Drei als deren Funktion schon vollkommen eindeutig bestimmt ist. Ebenso wie der Mathematiker schreibt R = f (x, y, z), was man liest: R sei eine Funktion nach x, y und z; und darunter versteht, dass R durch einen Zusammenhang mit den Argumenten x, y und z gegeben sei, so können wir jetzt diesen Symbolen, dem R den Begriff des Raumes, dem x den Stoff, dem y die Kraft und dem z die Zeit zuordnen, ohne am Sinn der Formel etwas zu ändern.

Ganz gleich sieht es von unserem Standpunkt mit dem Begriff der Bewegung aus. Auch dieser ist nichts als eine besondere, für die praktische Verfolgung von Vorgängen in der rein physischen Welt sehr bequeme Zusammenfassung von Charakteren aus den Argumenten des Reinphysischseienden. Auch die Bewegung ist nicht als etwaiges Fünftes den Dreien als notwendige und selbständige Ergänzung anzufügen, sondern auch sie ist wieder als eine, freilich vom Raum verschiedene Funktion aus den Dreien zu erklären. Die Bewegung ist das, was zustande kommt, wenn die Kraft in der Zeit zwischen Körpern wirksam ist.

Wenn wir diese Definition mit der oben gegebenen vom physikalischen Raum vergleichen, so kann uns nicht entgehen, wie sehr es sich in beiden im Grunde um dieselbe Sache dreht, nämlich um das Geschehen, den eigentlichen Seinsinhalt der rein physischen Welt.

Erscheint uns sonach die Bewegung als das Eigentlichste, was am Geschehen, damit am Seinsinhalt des Reinphysischseienden wirklich dran ist, so ergibt sich der Raum von diesem Gesichtspunkt aus wieder als nichts anderes, als dasjenige, von welchem wir uns vorstellen, dass das Geschehen, bezw. die Bewegung in ihm sich abspielt. Diese scheinbar neue Definition des Raumes ist aber gar nicht wirklich neuartig, sondern sie ergibt sich nur aus der besonderen Betrachtung unserer alten vom Standpunkt der Bewegung aus. Sie ist in Wahrheit auch in der alten Raumerklärung schon enthalten, denn dadurch, dass wir außer den beiden Vordersätzen auch noch als dritten den Nachsatz .... *und was von Körpern durch die Kraft in der Zeit durchmessen wird ....* angefügt haben, ist der Begriff der Bewegung als implizite Funktion des Raumbegriffes aufgedeckt. Das — von Körpern durch die Kraft in der Zeit durchmessen werden — kann ja nichts anderes sein, als eben die Bewegung, bezw. das, was wir als Bewegung definiert haben.

So wie der Mathematiker immer dann, wenn er ausdrücken will, dass er neben die erste Funktion R = f (x, y, z) noch eine zweite, andere, von der ersten verschiedene, aber aus denselben Argumenten bestehende setzt, schreiben kann B = f' (x, y, z); was man liest: B sei eine (zweite) Funktion f-strich, von x, y und z; können wir uns jetzt wieder diesen Symbolen vollkommen anschließen, ohne an ihrem Sinn etwas zu ändern, wenn wir unter B den Begriff der Bewegung und unter x, y, z die alten drei Argumente, Stoff, Kraft und Zeit verstehen.

Hier sind wir nun an jenem Aussichtspunkt, welchen die Philosophie schon lange hätte ersteigen sollen und von welchem aus sie im Triumph jene Erklärungen hätte abgeben können, welche der damals noch nicht so weit entwickelten Naturwissenschaft ihre Bahn hätte beleuchten können; an jenem Punkt, den inzwischen freilich die naturwissenschaftliche Forschung vor der Naturphilosophie erreicht hat, indem sie, diese überflügelnd, ihr zuvorkam.

Hier stehen wir jetzt auf rein philosophischer Grundlage vor der Erkenntnis, dass das Geschehen in der rein physischen Welt in nichts anderem besteht und bestehen kann als in der Bewegung selbst, von der großkosmischen bis zur interatomistischen und intrakorpuskulischen des Mikrokosmos hinab und dass also die Physik, als jene Wissenschaft, welche uns über das Naturgeschehen im rein physischen Sinne belehrt, gar kein anderes Ziel ihrer Forschung haben kann, als alles, was in der umgebenden Welt vor sich geht, als Bewegung letzten Endes zu erkennen, nachzuweisen und durch die erforschten Gesetze diese Bewegung zu verfolgen und darzustellen. — Hätte die Philosophie, als die geniale, rein geistige Disziplin, welche vom erreichten Standpunkt der experimentellen Forschung eigentlich in idealer Weise unabhängig ist, diesen Standardsatz rechtzeitig, das heißt zu einem Zeitmoment, als die Physik noch auf Abwegen herumlaborierte, klar ausgesprochen, sie hätte im Triumph, ein Schlaglicht auf den zukünftigen Weg des technischen Fortschritts der exakten Wissenschaften geworfen zu haben, sich als Trägerin einer gewaltigen Leuchte rühmen dürfen. — Heute freilich diesen Satz auszusprechen, ist keine Kunst, denn man müsste sich vollständig der modernen Entwicklung der Physik verschlossen haben, um ihn nicht in allem und jedem, was insbesondere in letzter Zeit erreicht wurde, hervorleuchten zu sehen. Immerhin ist vielleicht auch heute noch möglich, eine Schlussfolgerung aus der Erkenntnis von der Bewegung als dem Eigentlichen an dem Reinphysischen zu ziehen, die über das heute schon von den Erfahrungswissenschaften Erreichte hinausgeht.

Unter dem Begriff der Bewegung im allgemeinsten Sinne allein wird es vielleicht einmal in Zukunft der Naturwissenschaft möglich werden, ohne die Einheit der rein physischen Welt durch eine gedankliche Vorzerlegung in Argumente zu zerstören, sie als Ganzes zu erfassen und mathematisch darzustellen, indem man, über die vektorischen Gleichungen hinausgehend, außer der im Raum gerichteten Größe auch noch die Masse und den Bewegungscharakter selbst in einem Symbol vereinigt und dann, da in diesen übervektorischen Gleichungen keine Masse, keine Geschwindigkeit und keine Richtungsgröße mehr eine absolute oder vor der anderen bevorzugte Stellung einnimmt, zu jener wahren Relativitätstheorie gelangt, zu welcher auch die Einsteinsche sogenannte Relativitätstheorie hinzuführen, nur ein erster Versuch ist.

Die Einsteinsche Relativitätstheorie steht, wie man leicht ersieht, zu uns bis hierher in durchaus keinem Widerspruch. Dadurch, dass wir sowohl Stoff, als Kraft, als Zeit, als reine Abstraktionen erkannt haben, welche wir allein selbst aus dem Reinphysischseienden als Einheit uns bilden, als Argumente, die wir auf das Physische projizieren, dadurch, dass wir sowohl den Begriff des Raumes als auch den der physikalischen Bewegung lediglich als Funktionen nachgewiesen haben, sind wir die Ersten, welche ein im gegenseitigen Verhältnis stehen aller dieser Argumente, also ein zueinander Relativsein zugeben müssen. Auch kann es uns nicht zweifelhaft sein, dass ein anderer, der sich als Hauptargumente des Reinphysischen andere Charaktere wählt, auch wieder zu anderen Funktionsbegriffen kommen muss. Denn ebenso wie der Mathematiker, wenn er angeschrieben hat $y = f(x)$; was man liest, dass y eine Funktion von x sein soll (Definitionsgleichung), auch logisch mit Notwendigkeit setzen kann $x = f(y)$; dass nämlich immer dann auch x als (eine freilich andere, gewissermaßen umgekehrte) Funktion von y betrachtet werden kann, kann und muss ein Philosoph, der sich eine andere Zerlegung vom Ursein als auch vom Reinphysischseienden gemacht hat, andere Argumente mit anderen Definitionen und also auch andere Funktionsgleichungen zwischen diesen seinen Argumenten aufstellen.

Wenn also etwa Einstein aus Raum und Zeit (nach alter Auffassung) gleichsam ein Verschmelzungsprodukt bildet und seine weitere Behandlung des Geschehens auf dieses Argument stützt, so ist er darin ebenso berechtigt, als die Menschheit vor Jahrtausenden es war, da sie sich aus Stoff, Kraft und Zeit die Funktionsbegriffe Raum und Bewegung gebildet hat. Ebenso, wie wir heute urteilen, dass es vom rein geometrischen Standpunkt aus vollkommen gleichgültig ist zu sagen, dass die Erde im Mittelpunkt des Weltalls stehe und sich dieses um sie drehe, oder dass die Erde eine Bahn um die Sonne beschreibe und diese wieder eine Bahn im Weltall ziehe und dass an den Vorgängen dadurch sicherlich nichts geändert wird, ob wir nun die Bahnen der Planeten geozentrisch (ptolemäisch) oder heliozentrisch (kopernikanisch) berechnen, so müssen wir auch darüber im klaren sein, dass es prinzipiell ebenso gleichgültig ist, welche Zerlegungen wir uns vom Begriff des Seienden machen und wie wir aus diesen wieder Zusammenfassungen bilden. Wir müssen immer bewusst bleiben, dass es sich für uns niemals um die Vorgänge selbst handelt, sondern nur darum, wie wir ihrer am bequemsten Herr werden. Wenn wir also auch heute einsehen, dass das System des Kopernikus eigentlich prinzipiell völlig gleichwertig ist dem alten System des Ptolemäus, so bleibt doch die Tat des Kopernikus und das Bekenntnis des Galilei seinem Rang nach ungeschmälert, denn zweifellos war die neue Auffassung der alten in der Einfachheit der mathematischen Berechnung, der Bewältigung der Vorgänge ungeheuer überlegen und ermöglichte es durch diese Einfachheit in der Erledigung der vorher nahezu unlösbaren Aufgaben, erst wieder zu solchen höherer Ordnung und größerer Kompliziertheit (die sich also nach dem alten System überhaupt nicht mehr hätten bewältigen lassen) vorzudringen. Insofern eine neue Theorie die vorgelegten Probleme einfacher, bequemer, kürzer zu behandeln und darum auch leichter zu durchschauen gestattet, ist sie immer ein Fortschritt gegen ihre Vorgängerinnen. Vor allem aber stellt jede neue Theorie immer dann einen höheren Standpunkt vor, wenn sie der oben gekennzeichneten in Zukunft vielleicht einmal erreichbaren idealen Relativitätstheorie, derjenigen, welche das Gesamtphysischseiende unzerlegt erfasst und bewältigt, näher gekommen ist, als ihre Vorgänger.

Es ist also völlig unnütz, denn, wenn zwei Theorien sich scheinbar widersprechen, zu behaupten, die eine davon müsse falsch sein und die andere richtig. Es ist vielleicht der vornehmste Fortschritt der modernen Naturwissenschaft, zu der Einsicht gekommen zu sein, dass es da ein absolutes „recht" und „falsch" ebenso wenig gibt, als es etwas Absolutes in der rein physischen Welt überhaupt gibt, und dass infolgedessen zwei, die anscheinend zu gegenteiligen Resultaten gekommen sind, dennoch beide, jeder von seinem Standpunkt aus, recht haben können und dass von der Verschiedenheit der Standpunkt aus, welchen sie, jeder für sich, ihr Recht schöpfen, die Vorgänge an sich gar nicht betroffen werden. Es ist also ein für allemal unsinnig, zu sprechen, eine Theorie sei richtig oder falsch. Ihrem ganzen Wesen nach kann sie nur entweder auf der Höhe oder überholt sein. Auf der Höhe ist sie dann, wenn sie die beste bisher gefundene Lösung der vorgegebenen Aufgabe vorstellt., überholt dann, wenn ihr dieser Rang von einer andern neueren Lehre abgelaufen worden ist. Jede neue Theorie, welche es uns ermöglicht, die bisher bekannten Zusammenhänge leichter zu begreifen und unter ihren Annahmen das Geschehen auf ihrem Gebiet leichter zu bewältigen als früher und auf Grund der größeren Leichtigkeit in diesen schon erkannten Zusammenhängen uns noch unerkannte Relationen zu eröffnen, ist daseinsberechtigt. Das, was eine Theorie leistet, ist sie wert. In der Durchführung einer Theorie liegt also ihr Um und Auf.

Soweit glaubten wir auf diesen Gegenstand eingehen zu müssen. Es könnte vielleicht einem Leser scheinen, als hätten wir uns zu einer allzu weitläufigen Abschweifung verleiten lassen, die auf keine Weise durch entsprechende Früchte in Bezug auf unsere eigentlichste Sache gerechtfertigt würde.

Das Gegenteil wird sich sogleich erweisen. Wohl war der Weg weit, aber dennoch der Mühe wert, denn in dem Moment, in welchem er uns scheinbar auf den alten Punkt zurückführt, hat er uns um eine Erkenntnis bereichert, nämlich die: Dass die Bewegung das einzige ist, was von der rein physischen Welt überhaupt verlangt werden kann; aber auch, dass wir durch diese ungeheure Vereinfachung, welche uns unsere Theorie in Bezug auf alles bisherige Erkennen der äußeren Welt dadurch liefert, berechtigte Hoffnung bauen dürfen, dass sie die oben ausgeführte Eigenschaft besitzt, uns bald über das bisher Erkannte hinauszutragen; aber auch, dass es nun nur von der Durchführung unserer Theorie abhängen wird, ob dabei Früchte erlangt werden, welche die aufgewendete Mühe entschädigen. Wir sind jetzt frei von der Beklemmung, etwa mit unseren Argumentationen für altmodisch zu gelten und ledig der Angst, vielleicht nicht auf der Höhe zu sein, denn wir wissen, dass alle Argumente und Funktionen nur soviel wert sind, als sie leisten und dass sie dann auf der Höhe sind, wenn wir aus ihnen Höchstleistungen zu erarbeiten vermögen. Wir kehren daher jetzt mit vollkommen sicherem Sinn zu unserer vorgewählten Dreiteilung der rein physischen Welt in Stoff, Kraft und Zeit zurück.

$$*****$$

Nehmen wir jetzt gleichsam so ein einziges, kleines, winziges Elementchen der rein physischen Welt bei seiner Eigenschaft, ausgedehnt zu sein und setzen wir es in Gedanken vor uns hin. Geben wir ihm den nichts aussagenden Namen Urteilchen und widmen wir uns einige Minuten seiner Betrachtung. Vertiefen wir uns in den Ursinn seiner Definition und fragen wir uns, wie es um dieses Urteilchen beschaffen ist. Ist es denkmöglich, diesem Urteilchen irgendeine Struktur oder Inhomogenität zuzumuten? Nein! Wäre nämlich das Urteilchen nicht in sich vollkommen homogen, das heißt durchaus von gleicher Artung, so müsste es sich, wenigstens gedanklich, in so viele voneinander verschiedene Partien trennen lassen, als man ihm verschiedene Beschaffenheitscharaktere zulegt. Dadurch würde aber die Definition als Urteilchen selbst Lügen gestraft und das Teilchen wäre nicht mehr das Urteilchen, wenn es auch nur gedanklich eine Zerlegung zulässt.

Das Teilchen muss also eine homogen erfüllt gedachte Ausgedehntheit vorstellen und darin besteht ja eigentlich das, was wir seine rein physische Existenz heißen müssen.

Diese Eigenschaft der Homogenität muss natürlich auch jedem beliebigen solchen Urteilchen, selbst wenn wir uns deren eine über jede angebbare Zahl große Menge denken, grundsätzlich gewahrt bleiben. Wenn dem aber so ist, dann können sich die verschiedenen Urteilchen wenigstens in diesem Betracht nicht voneinander anders als durch ihre Nichtidentität unterscheiden.

Es scheint allerdings, als könnte man dagegen zwei Einwände erheben, nämlich sich erstens denken, dass zwar jedes Teilchen für sich homogen sei, dass aber verschiedene Teilchen dennoch aus einem gewissermaßen verschiedenen Material bestehen, dass der Stoffcharakter in ihnen ein unterschiedlicher wäre, andererseits, dass zwei Teilchen von zwar gleichem Stoffcharakter sich durch ihre Größe unterscheiden können.

Beide Einwände lassen sich leicht ad absurdum führen.

Es ist nämlich völlig sinnlos, von verschiedenem Material überhaupt zu sprechen. Der Begriff eines stofflichen Charakters ist ja noch gar nicht vorhanden, denn das, was wir stofflichen Charakter (z. B. des Eisens im Gegensatze zum Gold) heißen, ist nur die verschiedene Wirkung nach außen, welche uns an verschieden gebildeten Konglomeraten aus Urteilchen, wie solche die Atome des Eisens, bezw. des Goldes sind, zutage treten.

Das Urteilchen ist vielmehr allein durch seine Definition, dass wir es als die Eigenschaft der Ausgedehntheit am Reinphysischseienden angesprochen haben, gegeben und in dieser Definition liegt gar keine Spur einer Andeutung über stofflichen Charakter, ja kann auch gar keine solche liegen, denn diese Andeutung widerspräche der Grundbedingung, dass auch die Definition eines prinzipiell einfachen Argumentes homogen und einfach sein muss. Wir würden in unserer Definition denselben Fehler machen, als wenn wir vorhin das Teilchen als materiell inhomogen und strukturbehaftet angenommen hätten. Der Grundforderung vollkommener Homogenität und Unteilbarkeit in materieller Hinsicht steht als ebenso wichtig die Forderung nach definitorischer Homogenität und Unzwiespältigkeit gegenüber. Würden wir also dem Urteilchen neben der Eigenschaft der Ausgedehntheit auch noch die Eigenschaft des Stoffcharakters zusprechen, dann wäre es eben nicht mehr, eins, seinem Wesen nach unteilbar, sondern es bestünde die Möglichkeit, sich sowohl seine Ausgedehntheit, als auch seinen Stoffcharakter getrennt zu denken. Damit ist der erste der beiden Einwände streng logisch widerlegt.

Dieselbe Entkräftung ist beim Zweiten möglich.

Von einer Größe der Urteilchen dürfen wir wieder überhaupt von vorneherein gar nicht sprechen, denn wenn wir damit ausdrücken wollten, dass die Eigenschaft der Ausgedehntheit des Urteilchens messbar sei, dann müssen wir uns entgegenhalten, dass der Begriff der Größe für sich überhaupt erst dann einen Sinn oder Inhalt bekommt, wenn die Kraft und die Zeit zur Ausgedehntheit dazu schon als in Aktion getreten angenommen werden. Denn erst dadurch, dass das (philosophische, noch durchaus imaginäre) Urteilchen durch die Kraft in der Zeit eine „Strecke" zurücklegt, entsteht grundsätzlich sowohl Maß als das Messbare. Alle unsere Maße gehen in letzter Linie immer auf den Begriff einer als vorhanden angenommenen Bewegung zurück. Ohne jede Bewegung im letzten Sinne ist daher weder Maß noch Messbares denkbar. Solange wir daher das Urteilchen nur als Eigenschaft der Ausgedehntheit am Physischseienden betrachten und noch nicht Kraft und Zeit als mitdaseiend und in Aktion getreten ausdrücklich erklärt haben, ist Bewegung nicht denkbar. Es ist also absurd, von einer absoluten Größe der Urteilchen sprechen zu wollen, denn Größenordnung und Messbarkeit sind solange einfach unvorhanden. Die Urteilchen können sich also auch nicht durch ihre untereinander verschiedene Größe unterscheiden. Wir kommen also rein philosophisch deduktiv zu dem zwingenden Schluss, dass alle Urteilchen unter sich vollkommen gleich sein müssen und sich voneinander durch nichts als ihre Nichtidentität unterscheiden können.

Wir hätten diesen wichtigen Satz allerdings auch gleich hinschreiben können, denn er ergibt sich ja eigentlich als eine selbstverständliche Folge aus unseren ganzen früheren Aufstellungen und er wäre keines abgeleiteten Beweises bedürftig gewesen. Nur für die wahrscheinlich vielen Leser, welche vielleicht nicht eben gewohnt sind, solcher Gedankengänge selbst zu pflegen und die uns hier vielleicht einer Lücke in der Logik unseres Systems geziehen hätten, haben wir die Ableitung streng gebracht.

Rascher können wir dafür nun bei der Behandlung und Betrachtung des Argumentes der Kraft vorgehen.

Da wir diese Kraft nicht anders, denn als eine rein physische Potenz denken können, welche gleichsam zu den Urteilchen als Ausgedehntheiten hinzutritt und ihre Fähigkeit vorstellt, aufeinander zu wirken, so ist es selbstverständlich, dass wir uns auch diese Kraft nicht zwiespältig denken können. Es wäre der Gipfelpunkt der

Absurdität erreicht, wollten wir den einander vollkommen gleichen und auch gleichwertigen Urteilchen verschiedene Kräfte zu erteilen. Gerade dadurch, dass wir diese Urkraft als eine Fähigkeit, welche in den Urteilchen ihren Sitz hat, definieren, geht mit zwingender Logik hervor, dass dieselbe keine bei den einzelnen Teilchen verschiedene sein kann, wenn die Träger dieser Fähigkeit sich untereinander durch nichts als ihre Nichtidentität unterscheiden. Um eine solche Vermutung überhaupt aufzustellen, bedürften wir nach dem Satz von der Kausalität vor allem eines hinreichenden Grundes und ein solcher ist auf keine Weise zu finden. Also auch die Urkraft im physischen Sinne muss in sich eins, gewissermaßen homogen sein: Sie kommt jedem Urteilchen in gleicher Art und in gleicherweise zu und sie muss auch immer nach ihrer vollen Art und ihrer vollen Kraft wirksam sein, denn es wäre absurd, anzunehmen, dass die Kraft sich selbst „gewissermaßen nach ihrem Belieben" nach Art und Betrag variieren könne.

Infolgedessen unterscheidet sich auch das Produkt aus jedem Urteilchen mit seiner Kraft von den übrigen durch nichts als durch seine Nichtidentität. Auch das Dazutreten der Zeit als dritter Faktor (wobei natürlich de facto von der Zeit erst dann gesprochen werden kann, wenn die Kraft mit dem Stoff Wirkung zeitigt) vermag noch nicht, an sich einem unter den kraftbegabten Teilchen einen Vorrang vor anderen zu verschaffen. Wir sehen also, dass die rein physische Welt, trotz vorhanden gedachter Urteilchen, Kraft und Zeit, noch ein vollkommen totgeborenes Kind unseres Geistes ist, wenn wir ihm nicht den Odem des Lebens einhauchen.

Damit aus dem Stoff, durch die Kraft in der Zeit etwas geschehe, ja damit sich aus dem Geschehen etwas, und sei es das erbärmlichste Atom, entwickle, ist notwendig, dass die mit Kraft begabten Urteilchen in einem gegebenen Ur-Zeitmoment sich auch in einer ganz bestimmten für alles Folgende entscheidenden Anordnung befunden haben.

Diese ist aber durch die Definitionen von den drei Argumenten der rein physischen Welt in keiner Weise gegeben. Sie kann es auch gar nicht sein, denn schon der Umstand, dass von ihr — sei sie nun an sich so oder anders gewesen — für alle Zukunft der Gang und die Hinordnung des Geschehens abhängt, ist ein kausaler Nexus[3].

Ein solcher kann aber seinem Wesen nach niemals Eigenschaft eines Reinphysischseienden sein.

Der Begriff der Kausalität muss diesem notwendig fremd sein, denn es wäre eine Kontradiktion gegen die Definition des Reinphysischseienden, ihm Kausalität unterzulegen.

Wie wäre es auch möglich, dem Stoff an sich, der Kraft an sich, oder der Zeit an sich Zweckbeziehung zuzumuten? Keines der drei Argumente ist überhaupt fähig dazu, eine gedankliche Verbindung mit dieser Eigenschaft zuzulassen, schon deshalb nicht, weil wir in jedem Fall den oben mühsam verhüteten Trugschluss machen müssten, nämlich gegen die Einfachheit und Homogenität der Definitionen unbedenklich verstoßen zu dürfen. Wir müssten daher, entweder dem Stoff, der Kraft oder der Zeit, je außer der Eigenschaft der Ausgedehntheit, der Fähigkeit und der Folge noch als zweite, wesensverschiedene Eigenschaft die Kausalität beiordnen.

Denn genau so wie der Mathematiker aus a, b und c als Produkt immer nur abc erhalten kann und, wenn er etwa abcd erhalten wollte, vorerst einen der drei Faktoren mit d multipliziert sich denken müsste, so können auch wir hier nicht verlangen, dass drei philosophische Argumente als Faktoren ein vierfältiges Produkt uns liefern.

Es bleibt also auch uns nichts anderes übrig, als, um der glatten Absurdität auszuweichen, ein neues Bekenntnis zu machen: Die rein physische Welt aus sich und in sich ist ein Nonsens. Auf dass sie sei, ist es unerlässlich, dass sie durch ein außer ihr Seiendes geworden ist. Wir sehen, dass selbst dann, wenn die Hervorgehung des Reinphysischseienden als solches aus dem „Nichts" (der Möglichkeit) automatisch angenommen würde, noch immer nicht die Bildung einer im wahrhaften Sinne des Wortes wirklichen Welt, in welcher geschieht, möglich wäre; denn zum Wirklichsein gehört auch die ursprüngliche Anordnung aller kleinsten Teilchen, die für alle Zukunft durch den kausalen Nexus zwischen Ursache und Folge entscheidend ist.

---

3   Anm. d. Hrsg.: Ein Nexus ist eine Verbindung, Verkettung bzw. ein **Zusammenhang**. Der Oberbegriff ist Relation oder Struktur.

Diese unausweichlich notwendige Anordnung kann aber nur das Werk einer Potenz sein, welche die Fähigkeit des Erkennens aller an sich vorhandenen Möglichkeiten zu einer Anordnung, die Fähigkeit zur Wahl unter diesen und endlich die Macht zur Verwirklichung der gewählten Möglichkeit, bezw. die Kraft zur Setzung der auserkorenen Uranordnung besitzt. Diese höchste Intelligenz (Erkennen), Liebe (Wahl) und höchster Willensakt (Verwirklichung) ist aber nichts, als die wieder in drei Argumente aufgelöste zweite Phase in der Dreifaltigkeit des großen, obersten Urseins, von dessen Zerlegung wir eingangs gesprochen haben. Sie ist es, die allein durch ihren Machtspruch: Es werde! — eine Welt erschaffen, das heißt aus dem Nichts der imaginären Möglichkeiten hervorbringen kann; eine Welt, welche nicht nur rein physisch seiend, sondern wirklich ist. Sie ist es, welche dadurch, dass sie die hohle Möglichkeit ins Dasein einer Wirklichkeit ruft, dieser letzteren ihren Stempel aufdrückt; sie ist es, welche die entscheidende Anordnung setzt, in welcher ja eigentlich der Kern des ganzen zukünftigen Geschehens liegt.

Dadurch, dass die rein physische Welt nicht bloß automatisch aus dem Nichts hervorgegangen gedacht werden kann, sondern notwendig durch die geistige Potenz erschaffen werden musste, wird sie zur wirklichen Welt des Geschehens und erhält sich in diesem Zustand, indem sich Physis und Psyche unzertrennlich und immerdar durchdringen.

Wir sind durch die Gedankengänge dieses Kapitels darüber klar geworden, wie grundsätzlich die rein physische Welt kausal mit der rein psychischen Potenz zusammenhängt. Es gilt nun noch zu erforschen, wie im einzelnen Fall, bei Stein, Pflanze, Tier und Mensch die Durchdringung charakterisiert werden kann, denn in ihrer differenzierten Bildung kann ja allein der Unterschied zwischen diesen liegen.

Dazu ist es notwendig, von rein materieller Seite den Aufbau der physischen Welt genau kennenzulernen.

4. Kapitel. Vom Aufbau der rein physischen Welt.

Endlich, nach langer Fahrt durch Räume, in welchen uns keine praktische Erfahrung auch nur den geringsten Stützpunkt bot, durch

Weiten, in welchen sich als Steuermann allein unser Geist erwies, kommen wir zu einem Gefilde, in welchem immer mehr und mehr bekannte Erfahrungstatsachen sich uns zugesellen und uns erfreuliche Bestätigung geben, dass wir unseren Kurs bisher wohl eingehalten haben. Trotzdem wollen wir unsern bisherigen Steuermann noch nicht seines Amtes entsetzen, sondern die Bojen der Empirie erst dann zur Kenntnis nehmen, wenn wir an ihnen schon vorübergesegelt sind. — Wir dürften ihnen ja auch gar nicht vertrauen, denn wir haben keinen Beweis dafür, dass sie richtig ausgelegt sind und das wahre Fahrwasser kennzeichnen. Schon zu oft sind in der Naturwissenschaft Fälle vorgekommen, wo scheinbar ganz feststehende Erfahrungswahrheiten später wieder umgestoßen werden mussten.

Auch ohne Empirie laufen wir keine Gefahr, in falsches Fahrwasser zu geraten, wenn wir nur unseren Kurs, die Deduktion weiter innehalten.

Wir wissen im voraus, dass von einem Aufbau der rein physischen Welt nur in dem Sinne gesprochen werden kann, dass aus den Urteilchen Gruppen höherer Ordnung gebildet werden, welche als Einheiten des höheren Grades angesehen und als solche wieder zu noch höheren Konglomerationen gebraucht werden können.

Es tritt jetzt die hochinteressante Frage auf, welche grundlegenden Eigenschaften diese Gruppierungen im Gegensatz zu den Urteilchen selbst aufweisen können und müssen.

Befassen wir uns zunächst mit der denkbarst niedrigen, ersten Gruppenbildung aus den von uns definierten rein philosophischen Urteilchen.

Ist es notwendig, dass auch diese Konglomerate, weil sie aus Urteilchen sich aufbauen, die sich gegenseitig durch nichts als ihre Nichtidentität unterscheiden, auch ihrerseits sich auf keine andere Weise auseinanderhalten?

Dies ist nicht der Fall. Im Gegensatz zu den Urteilchen sind diesmal gleich drei Möglichkeiten zur Ausbildung verschiedener Konglomerate gegeben, welche unabweislich sind. Einmal kann die gedachte Urgruppierung aus einer beliebig zu denkenden Zahl von Urteilchen zusammengesetzt sein und es ist denkmöglich, dass sich zwei nichtidentische Urgruppen auch durch diese verschiedene Anzahl ihrer Elemente unterscheiden. Zweitens ist es möglich, dass auch bei Gleichzahligkeit zweier betrachteter Urgruppen die Anordnung der kleinsten Teilchen in denselben eine verschiedene sei und drittens ist es noch denkbar, dass selbst bei gleicher Zahl und momentan gleicher Anordnung der Urteilchen zueinander, in den beiden Urgruppen dieselben nicht vollkommen gleiche Bewegungszustände besitzen. — Jetzt ist nämlich die Bewegung als schon vorhanden wesentlich. Seit dem Moment, als wir die rein physische Welt als erschaffen durch geistige Potenz annahmen, ist die grundlegende Anordnung als vorgegeben zu betrachten. Diese aber bedingt das Inwirkungtreten der Kraft nach dem ihr innewohnenden Gesetz, und damit das Auftreten der Urbewegung. Dadurch, dass wir die Schöpfung durch den Willensakt dieser geistigen Potenz angenommen haben, ist auch die stillstehende, jedoch gangbereite Maschine der physischen Welt in Gang gesetzt und damit volle Wirklichkeit geworden.

In dem Moment, als die Bewegung prinzipiell vorhanden ist, ist auch eine verschiedene Geschwindigkeit (das heißt eine nach der Zeit differenzierte verschiedene Bewegungsgröße möglich. Dadurch aber erhält jedes Urteilchen eine ihm eigene „lebendige Kraft". Es wird ein grundsätzlicher Vergleich zwischen den „bewegten Urteilchen" möglich und es können solche gefunden werden, bei welchen die lebendige Kraft dieselbe Größe hat, aber auch solche, bei welchen sie sich um das Doppelte, Dreifache, n-fache unterscheidet. Es ist jetzt auf einmal Maß und Messbares vorhanden. Die vorher notwendig unmesslichen (also auch unwägbaren) Urteilchen sind dadurch, dass sie jetzt Gruppen bilden, in welchen sie sich bewegen, messbar (also auch wägbar) geworden.

Diese Eigenschaft allein wäre aber noch nicht hinreichend, um sie als eine Materie im Sinne der Physik anzusprechen. Dazu gehört noch notwendig der Begriff des stofflichen Charakters, Auch diese zweite Eigenschaft ergibt sich aus dem bisher Gesagten. Dadurch, dass die Urgruppen sich durch Zahl, Anordnung und Bewegungszustand der Urteilchen, aus welchen sie sich zusammensetzen, unterscheiden können, ist es notwendig, dass die von den Gruppen nach außen geübten Wirkungen, je nach dem inneren Zustand, in den einzelnen Gruppen in diesen drei Betrachten voneinander unterschieden sein müssen. Es ist logisch selbstverständlich, dass nur vollkommen gleiche Gruppen nach außen dieselben Wirkungen zeitigen können.

Die Gesamtwirkung nach außen ist aber, wie wir schon weiter oben abgeleitet haben, eben der Stoffcharakter.

Es ist also dadurch, dass die Gruppenbildung in verschiedener Weise denkbar ist, auch die Eigenschaft des stofflichen Charakters zugleich mit der Messbarkeit gegeben, weil beide durch dieselbe Ursache hervorgebracht werden.

Damit ist aber aus den philosophischen Imponderabilien die wägbare Materie der Physik geworden. Das aber ist der innere Sinn der Erschaffung der Welt aus dem Nichts durch Gott, — Ein Willensakt, wie ein Strahl in die unendliche Leere geschleudert, ist das machtvolle: „Es werde!" Aus der Setzung eines kausalen Nexus allein entsteht das Weltall, im übrigen gleichsam aus sich selbst.

Das Rätsel der Materie und ihrer Entstehung hat sich vor uns aufgelöst. Schon seit Jahrhunderten ahnte die Physik, dass die ponderable Materie nicht das Letzte sein könne, sondern dass sie sich letzten Endes aus imponderablen Elementen aufbauen müsse; denn immer dann, wenn man sieh anschickte, der Materie theoretisch zu Leibe zu gehen, zerfloss sie in das Nichts eines unwägbaren Äthers.

Nachdem wir nun den schwierigen Schritt von jeder Messungsgröße fremden Urteilchen zu prinzipiell messbaren Urkörperchen von bestimmtem stofflichen Charakter zurückgelegt haben, wird es leicht sein, das Gebäude der physischen Welt zu vollenden.

Aus der dreifachen Unterscheidungsmöglichkeit, Zahl, Anordnung und Bewegungszustand der an den Urgruppen beteiligten Urteilchen, ergibt sich sofort theoretisch eine dreifach unendliche Mannigfaltigkeit von verschiedenen möglichen Gruppierungen, denn sowohl bei verschiedener Anzahl — durch Variation von eins bis unendlich —, als bei verschiedener Anordnung, während die Anzahl dieselbe bleibt, als endlich bei gleicher Zahl und Anordnung, aber unterschiedlichen Bewegungsgrößen, ist jeweils eine einfach unendliche Mannigfaltigkeit von Kombinationen möglich. Wir sehen hieraus, wie überreichfältig die Natur selbst schon kraft ihres Wesens ist.

Es ist natürlich nicht gesagt, dass alle diese theoretisch möglichen Mannigfaltigkeiten auch sich tatsächlich erfüllen können, denn eben dadurch, dass die Kraft nach einem ihr inhaftenden Gesetze wirkt, werden unter diesen Möglichkeiten nur verhältnismäßig wenige der durch die Artung der Kraft ergebenen Bedingung genügen können und wieder unter diesen werden sehr viele dadurch ausscheiden, dass ihre Existenz zwar nach dem Kraftgesetz möglich, aber nur labil ist, d. h. durch jede beliebig kleine Störung von außen vernichtet werden kann. Es werden also von den vielen Berufenen vielleicht nur sehr wenige die Bedingung der Dauerhaftigkeit (inneren Stabilität) erfüllen. Die ursprünglich dreifach unendliche Mannigfaltigkeit wird durch den dezimierenden Einfluss dieser beiden Argumente sehr reduziert werden und wir wissen nicht, wieviele tatsächlich stabile Fälle möglich sind. Es ist dies aber auch ganz gleichgültig, denn selbst in dem extremsten Fall, dass nur eine einzige Urgruppierung stabil wäre, würden wir um einen gewaltigen Schritt vorwärts gekommen sein, denn wir haben nun wenigstens in dieser Urgruppe reelle Materie vor uns, im Gegensatz zu den imaginären Urteilchen. Nun können wir den Gedankenkreis wiederholen. Von solchen Urgruppen, denen wir jetzt mit Recht den Namen Urkörperchen geben, können wir wieder Konglomerationen höherer Ordnung bilden, welche notwendig wieder dieselben Aussichten auf mögliche, labile und stabile Kombinationen unter ihnen bieten. Uns interessiert dabei nur, dass mit je höherer Ordnung der kombinierten Komplexe die Zahl der stabilen unter ihnen allmählich eine größere werde. Wäre diese Zahl beständig gleich eins, so würde die Existenz einer Gruppenbildung solchen Grades keinen Fortschritt für den Aufbau der Welt bedeuten, also völlig sinnlos sein. Indem wir die Welt als hervorgegangen durch psychische Potenz nachgewiesen haben, müssten wir die Sinnlosigkeit solcher fruchtloser Kombinatorik dieser Potenz zuschreiben. Das ist natürlich nach unserer ganzen Auffassung dieser selben als einer höchsten Erkenntnis, Liebe und eines höchsten Willens nicht zulässig. Wir müssen daher schon aus diesem Grunde, wie auch aus der geradezu unendlichen Unwahrscheinlichkeit, dass in jeder Ordnung der Gruppierungen immer nur eine einzige unter dreifach unendlich vielen Mannigfaltigkeiten sich als stabil erweise, diese Annahme ablehnen.

Nun können wir sofort den weiten Schritt von unseren Urkörperchen bis zu den Atomen der Chemie machen, die ja selbst heute schon auf dem Standpunkt steht, dass die sogenannten chemischen Elemente im Grunde nichts anderes sind als verschiedene Agglomerationen von unter sich gleichen Urteilchen. In einzelnen Fällen ist auch die Zertrümmerung der Atome schon experimentell nachgewiesen. Wir befinden uns also mit dem eben erlangten Resultat unserer rein philosophischen Ableitungen völlig auf gleicher Höhe und in guter Gesellschaft der modernen Naturwissenschaft.

Wir wollen die Gruppierungen, welche zwischen den als Urkörperchen definierten ersten Gruppen der Urteilchen und den Atomen der chemischen Elemente liegen, als Korpuskeln bezeichnen. Dann wissen wir allerdings nicht, wieviele Ordnungen von Korpuskeln es geben mag, nur dass die Ordnungsziffer von Null verschieden sein muss, lässt sich behaupten. Es ist aber auch gedanklich und für die folgenden Schlüsse ganz gleichgültig, ob wir diese Zahl kennen. Jedenfalls sind die Atome der chemischen Elemente Gruppierungen aus Urkörperchen und zwar von der n-ten Ordnung. Ebenso werden wir nicht ohne Berechtigung vermuten können, dass die tatsächlich entdeckten chemischen Elemente die wenigen wirklich stabilen Fälle der Gruppierungen vorstellen und als Folge daraus, dass die Zahl der korpuskulären Ordnungen keine große sein mag. Diese Meinung findet ihre Stütze in dem Tatbestand, dass etwa 80 bekannten chemischen Elementen sofort eine in viele Millionen anschwellende Zahl von Verbindungen unter ihnen gegenübersteht. Vom Atom zum Molekül steigt also die Mannigfaltigkeit der stabilen Fülle mindestens um das Millionenfache; nehmen wir noch die sogenannten hochkomplizierten organischen Verbindungen dazu, so ergibt sich eine weitere mindestens lebensgroße Zahl der praktisch beobachtbaren, also gewiss möglichen stabilen Fälle und wenn wir endlich noch die Unzahl derjenigen chemisch organischen Verbindungen einrechnen, welche augenscheinlich nur unter der unmittelbaren Einwirkung der „Lebenskraft" stabil sind (aber sofort zerfallen, wenn das Leben den Organismus verlässt), dann kommen wir vielleicht über die siebente Potenz von 10 hinaus.

Wir haben, also jetzt, wenn wir die Folgerungen aus den Überlegungen dieses Kapitels zusammenfassen, als Schema des Aufbaues der wirklichen Welt:

- nullte Ordnung Urteilchen: definiert als homogene Ausgedehntheiten ohne einen anderen gegenseitigen Unterschied als die Nichtidentität. Ohne Größe und Beschaffenheit;

- erste Ordnung Urkörperchen: hervorgegangen als erste Gruppierung der Urteilchen. Die Eigenschaft der

Ponderabilität und des stofflichen Charakters ist vorhanden. Reelle Urelemente;

- zweite Ordnung Korpuskeln A: Gruppierungen aus Urkörperchen ;

- dritte Ordnung Korpuskeln B: Gruppierungen aus Korpuskeln A;

- n-te Ordnung Atome: Gruppierungen aus Korpuskeln der (n —l)ten Ordnung, Letzte Teile der chemischen Grundstoffe;

- (n + 1)te Ordnung Moleküle: Gruppierungen aus Atomen. Chemische anorganische oder organische Verbindungen;

- (n + m)te Ordnung Zelle: Gruppierung aus Molekülen der n + (m — 1)ten Ordnung, phys. Grundelement der belebten Natur.

Dabei ist die Anzahl der stabilen Gruppierungen mit der fortschreitend höheren Ordnung der Gruppen nach einer unbekannten Potenzfunktion anwachsend zu denken. Diese Zahl beträgt zum Beispiel nach empirischer Feststellung bei den Atomen mindestens 80 bis 100, bei den Molekülen schon viele Millionen.

5. Kapitel. Vom Nexus zwischen Physis und Psyche

Endlich sind wir gerüstet, an die im 3. Kapitel aufgeworfene Frage nach der Art und besonderen Weise des Nexus zwischen Physis und Psyche in der wirklichen Welt heranzutreten.

Wir können von vornherein behaupten, dass nur eine solche Durchdringungsart gegeben sein kann, welche nach dem Wesen der beiden verbundenen Teile überhaupt möglich ist. Es wird sich dabei als sehr zweckmäßig erweisen, den eben besprochenen Aufbau der rein physischen Welt als Grundlage zu benützen, um durch die Parallelität der Verhältnisse schneller, als es sonst möglich wäre, zum Ziel zu kommen.

Fragen wir uns zunächst, wie die geistige Potenz in den einzelnen noch imaginären Urteilchen inhaftend gedacht werden kann, so lautet die Antwort: Nicht anders, als wieder vollkommen homogen in jedem Teilchen, prinzipiell einfach von Wesenheit und bei allen Teilchen vollkommen gleich. Ebenso wie sie sich im rein physischen Sinne durch nichts anderes als durch ihre Nichtidentität unterscheiden können, so werden sie sich jetzt im psychischen Sinne nicht anders als durch ihre Individualität unterscheiden dürfen, dadurch nämlich, dass jedes von ihnen jetzt ein Individuum wird, welches mit keinem andern Individuum identisch ist. Schreiten wir vom Urteilchen zu den Urkörperchen und zu den höheren korpuskulären Komplexen bis zu den Atomen und Molekülen vor, so können wir wieder ganz allgemein sagen, dass die Durchdringung des materiellen Komplexes durch die Psyche geistig nicht differenzierter sein kann, als der physische Aufbau des Konglomerates materiell kompliziert ist, denn es wäre sinnlos, der Psyche mehr Entfaltungsmöglichkeiten (übernatürliche Vollkommenheiten) in einem Komplex zuerkennen zu wollen, als rein physische Vielfältigkeiten („natürliche" Vollkommenheiten) in dem Komplex vorhanden sind.

Wir kommen nun freilich in gewissem Sinne zur Lehre von der Allbeseelung des Physischseienden, etwa so, als ob jedes Atom sein Seelchen habe. — Ja und nein. In dem Sinne ja, nämlich dadurch, dass wir eine besondere Partizipation und ein eigentümliches Durchdrungenwerden der Physis von der Psyche annehmen, aber wieder nein, im Sinne derjenigen, welche diese Lehre von der Weltbeseelung aufgestellt haben und die da meinen, dass zum Beispiel die Menschenseele nur die Summe der Atomseelchen der Atome des menschlichen Körpers sei. Ebenso wie ein Haus nicht bloß die Summe aller Baumaterialien ist, aus welchen es zusammengesetzt wurde, sondern in ihm sich ein Bauplan höherer Ordnung realisiert, der von einem von den Steinen verschiedenen Wesen erdacht wurde und ebenso wie der Baumeister von dem Hause in einem höheren Sinne Besitz zu ergreifen vermag, als von dem Haufen Steine und Materialien, aus welchen das Haus gebaut wurde und wie er in der Lage ist, in dem Hause wohnend, ganz andere, unendlich vielseitigere Tätigkeiten zu entfalten, als wenn er sich unter den Steinhaufen verkrochen hätte, so ist es auch mit der Weltbeseelung beschaffen.

Wir meinen, dass jeder Ordnung der Physis auch eine Zuordnung, ein besonderes Durchdringungsverhältnis der Psyche entspreche. Wir meinen, dass ähnlich wie der Baumeister, der sich sein eigenes Haus aus vorher ihm gehörigen Materialien aufgebaut hat, auch nach Vollendung des Baues gewiss noch in der alten Weise das

Besitzrecht auf das Material des Hauses als solchem innehat, aber über dieses hinaus auch noch sein Haus, insofern es diese besondere Anordnung des Materials vorstellt, besitzt, ebenso wie die Geistigkeit zwar jedes Urteilchen als Urteilchen, jedes Urkörperchen als solches, und hierauf jedes Atom, jedes Molekül als solches — gleichsam als Material besitzt, aber dennoch in jener Konglomeration eines materiell hochkomplizierten Komplexes, wie es etwa der Mensch ist, auf eine ganz besondere, höhere Weise gegenwärtig und Besitzer ist. In diesem Sinne glauben wir nun die Fragestellungen beantworten zu können.

Was heißt es: wirklich zu sein?

Das heißt rein physisch vorhanden und zugleich von psychischer Potenz durchdrungen sein.

Was heißt es speziell, wie ein Stein, als sogenannte tote Materie zu sein?

Das heißt rein materiell in einem solch einfachen Grade der Kompliziertheit des physischen Komplexes zu existieren, dass es der psychischen Potenz nur in dem Sinne möglich ist, von diesem Besitz zu ergreifen, dass hierdurch die Nichtidentität des Komplexes mit der Umwelt zur Individualität erhoben wird und dass einfachste, auf die Vollkommenheit des Komplexes hingeordnete Zweckbewegungen getätigt werden.

Wir wollen an dieser Stelle nicht verabsäumen, darauf hinzuweisen, dass viele von den bisher von der Chemie als rein materiell aufgefassten Reaktionen, bei näherer philosophischer Betrachtung einer solchen rein materialistischen Auffassung nicht standhalten können. Der einfache, jedermann bekannte Prozess des Auskristallisierens bietet ein geradezu klassisches Beispiel dafür, dass auch solche scheinbar bloß „chemische" Reaktionen im Hintergrund die Tätigung einer psychischen Potenz voraussetzen. Schon die Existenz jener Formen, die wir als Kristalle bezeichnen, im Gegensatz zur amorphen Erscheinung desselben chemischen Stoffes, gibt zu denken. Es kann nicht angezweifelt werden, dass die für den betreffenden Körper charakteristische Kristallform für ihn eine vollkommenere Gestalt, eben die seiner Natur entsprechende, eigentlichste Bildung, im Vergleiche zu der charakterlosen, amorphen Form, darstellt. Wenn wir nun beobachten können, dass beim Ausscheiden des Stoffes aus einer Lösung der Kristallisationsprozess stattfindet, sofern nur irgend die äußeren Bedingungen das Zustandekommen desselben nicht verhindern, so müssen wir sagen, dass die aus der Lösung ausscheidenden Stoffelemente das Bestreben äußern, die für sie überhaupt mögliche, vollkommenste Form einer Agglomeration mit ihren Artgenossen zu erreichen. Und dass aus diesem Bestreben heraus von den einzelnen, ausscheidenden Teilchen gerade diejenigen Bahnen beschrieben werden, welche die Teilchen in der geeigneten Weise befördern, um sie zu Kristallen und nicht zu beliebigen Formen zusammenwachsen zu lassen. Unverkennbar tritt hier schon eine zur Erreichung eines besonderen Zieles hingeordnete Zweckbewegung hervor, und zwar bezeichnenderweise einem Endziele zustrebend, welches im Vergleiche zu dem Ausgangszustand als vollkommener angesprochen werden muss. Es wäre demgemäß ganz aussichtslos, die Bewegungen der Teilchen im Kristallisationsprozess als geleitet durch nichts anderes als die reinen, mechanischen Zufallsgesetze ansehen zu wollen. Die Mitwirkung einer prinzipiellen, **psychischen Potenz**, welche das Ziel erkennt, die zu seiner Erreichung notwendigen und hinlänglichen Mittel wählt und die Durchführung des Prozesses bewirkt, ist unabweislich. Hochinteressant ist es dagegen, festzustellen, dass der Grad der Beeinflussung des sonst rein materiellen Vorganges durch die psychische Potenz augenscheinlich nur ein sehr geringer ist. Die geringste äußere Störung verhindert das Zustandekommen vollkommener, reiner, großer Kristallformen. Es ist, als ob die psychische Potenz wohl hinter dem scheinbar physischen Geschehen stecke, ihr Ziel erkennte, auch die Mittel zu seiner Erreichung wählte, doch noch zu schwach wäre, um die geringsten äußeren Hindernisse zu überwinden. Es scheint so, als ob wohl ein „sanfter Zug" das aus der Lösung scheidende Teilchen hinlenkte in jene Bahn, welche es beschreiben müsste, um sich dem Kristallisationsgesetz zu recht an seine Artgenossen anzulagern, dass aber dieser allzu sanfte Zug nicht hinreicht, um das Teilchen auch dann in die zweckdienliche Bahn zu zwingen, wenn äußere Kräfte es aus dieser Bahn herausstören.

Wenn auch noch unsagbar schwach, so sehen wir doch schon im anorganisch, chemischen Prozess (und was von der Kristallisation gesagt wurde, gilt auch für alle anderen chemischen Reaktionen) die Grundfunktionen der psychischen Potenz: Erkennen, Wählen und Wollen, getätigt, dem Aktionsgrade nach freilich noch gering und in Bezug auf ihr Ziel lediglich auf die Erreichung der charakteristischen einfachsten, natürlichen Vollkommenheit jedes Stoffes, also nicht etwa auf die Erhaltung des Exemplares oder die Fortpflanzung der Art hingeordnet.

Darum aber, weil die Kraft noch schwach ist und das Ziel nicht hoch, ist dieses Streben nach Vollkommenheit innerhalb der unbelebten Stoffnatur nicht minder groß und ein nicht weniger gewaltiges Zeugnis für das Allwalten einer hinter dem Reinphysischseienden stehenden freien psychischen Potenz, als wenn wir etwa vor unseren Augen Menschen als Individuen und Völker als Komplexe von solchen emporstreben sehen zu höheren Vollkommenheiten, als diejenigen waren, welche ihnen ihre Vorfahren hinterlassen hatten.

Von unserem Standpunkt aus müssen wir daher sagen, dass sieh die bisherige Naturwissenschaft (Chemie) geirrt hat, wenn sie meinte, die Reaktionen in der leblosen Natur lediglich auf „natürliche Weise", das heißt durch die Abwicklung des Geschehens nach festen Naturgesetzen erklären zu sollen, und jede Individualität der Atome und Molekeln auszuschließen. Gewiss ist keine psychische Durchdringung vorhanden, welche den Naturgesetzen entgegengesetzt ist, oder deren Stärke so groß wäre, dass das Gesetz der Naturkausalität durchbrochen würde und etwa in Form irgendwelcher „Willkür" den sonstigen, normalen Lauf der Reaktion zu stören vermöchte. Aber es muss zugegeben werden, dass eine psychische Instanz hinter der physischen des Naturgesetzes steht, welche trotz Einhaltung der natürlichen Kausalität eben jenen „sanften Zug zur Veredlung" ausübt und die möglichste Erreichung der natürlichen, stofflichen Vollkommenheiten anstrebt. Auch hier schon erkennen wir die psychische Kraft als der physischen nicht entgegengesetzt, wohl aber ihrem Charakter nach übergeordnet, denn jene vermag im Verhältnis zu dieser Vollkommeneres, als vorhanden war, also Höheres, zu bewirken. Die qualitative Überlegenheit der psychischen Potenz über die physische berührt aber — wie es nur natürlich ist — das quantitative Verhältnis der beiden Kraftcharaktere durchaus nicht und es kann, unbeschadet der Qualifikation, die physische Kraft die stärkere sein, wie es auch durchaus in überwältigendem Zahlverhältnis der Fall ist.

Fragen wir uns nun:

Was heißt es, im allgemeinsten Sinne des Wortes zu leben?

Das heißt, im Gegensatz zum Unbelebtsein, in einer schon so hohen Ordnung der Kompliziertheit des rein materiellen Komplexes zu existieren, dass die Durchdringung seitens der psychischen Potenz schon solche Zweckhandlungen zu tätigen vermag, welche auf die Erhaltung des Exemplares und auf die Fortpflanzung der Art hingeordnet sind.

Der Unterschied zwischen den höchst komplizierten chemischen Prozessen und den einfachsten Lebensfunktionen etwa einer Amöbe ist auf den ersten Blick offenbar. Handelte es sich bei den erstem lediglich um die Erreichung der nach der vorgegebenen rein materiellen Struktur vollkommensten möglichen Anordnung der Elemente im Agglomerat, so sehen wir jetzt bei der Amöbe die psychischen Grundargumente des Erkennens, Wählens und Wollens, nicht nur auf eine rein natürlich vollkommene Konglomeration hingeordnet, sondern getätigt im Sinne der Zusammenbauung eines solchen Komplexes, der seiner Umwelt gegenüber seine Existenz dauernd zu behaupten vermag, damit die einmal erreichte Vollkommenheit nicht wieder durch Auflösung zunichte gemacht werde, sondern sich forterhalte und fortpflanze; auf dass eine immer fortschreitende Gesamtentwicklung des Weltganzen angebahnt und späteren, höher organisierten Wesen der Weg bereitet werde. Also nicht ein im Sinne eines Kristalles seiner innere Struktur und Anordnung nach vollkommener Komplex wird jetzt erstrebt, sondern ein solcher, der durch seinen ganzen Bau befähigt ist, wenigstens in der primitivsten Weise von seiner Umwelt Eindrücke aufzunehmen, also zu erkennen, wie geartet die Verhältnisse der Umgebung sind, zu beurteilen, wie diese Verhältnisse sich in Bezug auf die Forterhaltung des Exemplares stellen, die Mittel zu wählen, welche nötig sind, um diese Fortexistenz nach Möglichkeit zu behaupten und diese auch anzuwenden. Mit andern Worten gesagt, muss der Komplex so geartet sein, dass er vermag: äußerliche Reize aufzunehmen, dieselben auch zu empfinden und diese schließlich durch zielstrebige Handlungen zu beantworten. Nur ein solcher Komplex kann Anspruch erheben, sich selbst behaupten zu können, denn ein materieller Komplex, dem diese Fähigkeiten fehlen würden, wäre in Bezug auf seine Fortexistenz oder seine Zerstörung vollkommen dem Zufallsgesetz ausgeliefert und könnte in diesem Betracht keinen Anspruch darauf erheben, höher zu stehen, als etwa ein Kristall, das wohl seine Bildung einem zielsetzenden Prozesse verdankt hat, seinerseits aber nichts dazu tun kann, dass seine rein physikalische Vollkommenheit erhalten bleibe.

Aber wie bei der Kristallbildung, sehen wir auch bei der Lebenserhaltung und Fortpflanzung im „organischen" Komplex wieder deutlich, dass die psychische Kraft nur qualitativ, nicht aber quantitativ überragend dasteht. Auch beim „lebenden Wesen", sei es nun die Amöbe oder ein hochentwickeltes Tier oder eine Pflanze, ist die praktische Größe der psychischen Kraft gering, gerade nur hinreichend, unter „normalen Umständen" die Lebenserhaltung und Fortpflanzung zu garantieren. Sahen wir bei der Kristallbildung die Notwendigkeit, dass „außergewöhnlich störungsfreie Zustände andauern", damit eine vollkommene Bildung zustande kommen kann, so erkennen wir jetzt, dass für die Fortexistenz „lebender Wesen" das „Andauern normaler Zustände" notwendig ist, dass die Lebenskraft aber nicht hinreicht, das von ihr durchdrungene Wesen vor „ungewöhnlichen" äußern Lebensbedrohungen zu schützen und zu retten. Wohl besitzt jeder „lebendige Komplex", eben kraft seiner Definition schon, die prinzipielle Fähigkeit, sich den äußeren Verhältnissen „a n z u p a s s e n" , das heißt, auf Grund wahrgenommener Reize der Außenwelt seine Zweckhandlungen so einzustellen, dass die Fortexistenz des Exemplares. wie der Art, in Rücksicht auf die Zustände in der Umwelt möglich werde, aber auch diese Anpassung kennt ihre Grenzen und bedarf vor allen Dingen zu ihrer vollen Auswirkung der notwendigen Zeit, was weiter nicht verwunderlich ist, da doch alles, was überhaupt geschieht, mit Notwendigkeit eben seine Zeit haben muss.

Insofern der Mensch, abgesehen von dem, was er über das Tier hinaus noch dazu ist, sicherlich auch ein Tier, und zwar das höchstentwickelte ist, muss das Gesagte auch von ihm gelten. Wir sehen also, dass von der Amöbe bis zum Menschen herauf eine lückenlose Reihe besteht und dass die Grundfunktionen des „Intellektes" bei der

Arcelle[4] ebenso vorhanden sind, wie im Menschen. Dabei müssen wir uns aber bewusst bleiben, dass jene Manifestation der psychischen Potenz, welche wir beim Menschen Intellekt, beim Tiere aber Instinkt zu nennen pflegen, nur beim Tier das oberste Prinzip im psychophysischen Nexus vorstellt, beim Menschen aber nur eine untergeordnete Stellung einnimmt, wie etwa der Hausmeister gegen den Hausherrn.

Bei Pflanze und Tier, einschließlich den Menschen, insofern er Tier ist, erscheint der Instinkt, bezw. Intellekt als jenes Prinzip, welches ausschließlich die Erhaltung des Exemplares und die Fortpflanzung der Art als letztes Ziel seiner Betätigung gesetzt hat. Zur Erreichung desselben ist aber das Selbstbewusstsein durchaus nicht erforderlich und daher auch nicht vorhanden. Erst beim Menschen, dessen Aufgaben in der Schöpfung nicht allein in der Erhaltung des Exemplares und der Fortpflanzung der Art bestehen, sehen wir uns einer neuen, höheren Durchdringungsweise der psychischen Potenz in seiner Physis gegenüber. Wenn wir uns daher jetzt die Frage stellen: Was heißt es in Sonderheit ein Mensch zu sein?, so wird und muss die Antwort lauten:

Das heißt nichts anderes, als bereits eine so mannigfaltige Vollkommenheit der Komplizierung des rein physischen Komplexes (des menschlichen Körpers) zu besitzen, dass dieser Wunderbau eines hoch entwickelten Organismus bereits die würdige Wohnung für eine Psyche von reicher und differenzierter Entfaltung zu bieten vermag, auf dass in der Besitzergreifung dieses materiellen Gebäudes der Geist das Wissen um seine eigene Existenz, das ist, das Selbstbewusstsein erlangt.

Man kann sich die Entstehung des „Ich"-Bewusstseins dabei noch insofern im einzelnen näherbringen, als man ausdrückt: In dem Moment, als die tierischen Organe einen gewissen Grad von Vollkommenheit erreicht haben und dem Intellekt ein hinreichend vielseitiges Bild von der Umwelt der Erscheinungen zu liefern vermögen, vermag die (intuitive!!) Erkenntnis zu dem Intellekt dazu Besitz zu ergreifen von dem vorgegebenen Komplex, dass die durch die Sinnesorgane wahrgenommene Umwelt etwas von dem Komplex selbst Verschiedenes sei. In dem Moment aber, wo in dem Komplex

---

4   Anm. d. Hrsg.: Die **Arcellinida** sind eine Gruppe gehäusetragender Amöben der Tubulinea.

die Erkenntnis der Nichtidentität mit der Umwelt aufleuchtet, entsteht als notwendige Folge der Begriff des „Ich".

Hat aber das Selbstbewusstsein in Gestalt der „Ich"- Erkenntnis einmal in dem Komplex Fuß gefasst, so ist damit die prinzipielle Möglichkeit zur Anstellung von Reflexionen gegeben, wie auch zur Beurteilung der von der Umwelt aufgenommenen Reize. Gewiss werden auch jetzt keine grundsätzlich anderen Argumente psychischer Potenz sich tätigen können, als im Kristallisationsprozess, oder in der Instinkthandlung der Amöbe, wenn diese Außenreize durch Zweckhandlungen beantwortet, aber es ist doch ein himmelweiter Unterschied zwischen der Zweckhandlung eines Menschen und einer Arcelle, denn des Menschen Tat geschieht bewusst.

Wenn auch bei der Amöbe, ja schon im Kristallisationsprozesse der Funken der psychischen Potenz enthalten war, so doch nur, ohne dem betreffenden Individuum bewusst zu sein. Die höchste geistige Potenz, welche durch den Akt ihres Willens diese ganze Welt aus dem Nichts ins Dasein rief, hatte gewissermaßen für das Kristall und für die Amöbe, ja das Tier überhaupt vorgedacht und ihm nur einen blinden Helfer, einen geistigen Automaten bestellt, auf dass dieser im Auftrage seines Herrn, des obersten psychischen Prinzips der Welt, jene Zweckhandlungen tätige, welche die Bildung des natürlich Vollkommenen in der unbelebten Natur und des zur Selbsterhaltung und Fortpflanzung geeigneten in der belebten Natur bewirke, damit in steter Vervollkommnung und Entwicklung endlich jenes Wesen, jener hochkomplizierte materielle Wunderbau eines Organismus hervorgebracht werde, von dem Besitz zu ergreifen der psychischen Potenz in voller, freier Entfaltung ihrer Argumente: Erkennen, freie Wahl und freier Wille, möglich sei.

Im Menschen verkörpert sich zum ersten mal dieser Durchdringungsgrad der Psyche in der Physis. Im Menschen tritt zum ersten mal das Spiegelbild der höchsten geistigen Potenz hervor. Wir Menschen sind nicht bloß ein Ebenbild des obersten psychischen Prinzips, sondern wir wissen auch, dass wir es sind. Für uns ist nicht vorgedacht, sondern wir genießen das so unendlich wertvolle, freie und herrliche Recht, selbst zu denken, bewusst zu erkennen, bewusst zu urteilen und bewusst unseren Willen in die Tat umzusetzen.

Gerade um dieses Bewusstseins willen dürfen wir aber nicht vergessen, dass wir in unserer Brust wohl ein Gut tragen, welches nicht dem Getier eigen ist, und welches uns über jegliches Tier erhebt, weil wir es noch dazu über das besitzen, was dem Tiere eignet, dass wir aber eben darum auch das alles zuerst schon in uns haben, was das Tier insgesamt besitzt. Wir müssen bewusst bleiben, dass ein Mensch zu sein zunächst heißt ein Tier sein, und darüber hinaus noch ein mehreres, aber eben doch — auch ein Tier sein. Und dieses Tier in uns, welches selbst aus sich kein Bewusstsein seiner Existenz besitzt, ist nicht mehr wert, als jegliches andere Getier. Auch für dieses ist vorgedacht worden und ihm ein Hüter gesetzt, der ihm in allen Angelegenheiten ungeistiger Natur als natürlicher Führer dient und seine Aufgabe, die Erhaltung des Exemplares zu sichern und das Individuum zur Vornahme jener Zweckhandlungen zu drängen, die auf die Fortpflanzung der Art hingeordnet sind, auch gar trefflich erfüllt. Aber wir müssen auch klar vor Augen halten, dass der Intellekt, der tierische Instinkt des Menschen, der Beherrscher unseres Trieblebens und Regent im Zellenstaate unseres Körpers, etwas von unserem höheren Prinzip, unserer Seele, unserem wahren „Ich" vollkommen Verschiedenes ist.

Nur um den Menschen wird es sich im folgenden handeln.

Wir werden es daher als unsere nächste Aufgabe ansehen müssen, den zwar im Wesen seiner Eigentümlichkeit beim Menschen im ganzen und großen erkannten Nexus zwischen Physis und Psyche genauer zu erforschen. Ist es doch das Geheimnis dieser Verbindung, auf welchem letzten Endes alle jene Fragen hinauslaufen, welche das Verhältnis des Menschen zur Welt der Erscheinung zum Gegenstand haben.

Von unserem Standpunkt aus kann es nicht verwunderlich sein, dass hier die Naturwissenschaft bisher nicht von Erfolg begleitet war, wenn sie daran ging, diesen springenden Punkt in den Kreis ihrer Betrachtungen zu ziehen; nicht weiter staunenswert, dass die Natur am lichten Tag sich ihres Schleiers nicht berauben lassen wollte von denjenigen, welche kamen, mit Hebeln und mit Schrauben sie dazu zu zwingen.

Solch Werkzeug könnte uns hier wenig frommen. Ein kurzes Weilchen fortgesetzter Fahrt von unseres Steuermannes Gnaden wird uns gewiss viel mehr enthüllen.

6. Kapitel. Vom Menschen selbst und seinen Sinnen

Die Frage: Wie der Mensch von der Umwelt Kenntnis erlangen könne?, lässt sich von uns jetzt dahin umformen: Wie Bewegungsverhältnisse des Weltstoffes Bewusstseinsinhalte werden können? Es scheint zwar dadurch zunächst nichts gewonnen worden zu sein, aber es wird sich gleich zeigen, dass diese Ersetzung der Problemstellung durch eine äquivalente, dennoch zur Lösung unserer Aufgabe ebenso zu führen vermag, wie ähnliche Untersetzungen ja auch in der Mathematik die Auflösungen von Gleichungen bringen.

Erinnern wir uns bloß daran, dass wir alles an der Welt der Erscheinungen letzten Endes als Bewegung nachgewiesen haben und dass wir darüber hinaus vom philosophischen Standpunkt den vollen Beweis erbracht haben, dass der rein physischen Welt auch gar nichts anderes überhaupt zugemutet werden kann, als eben diese ursächliche Bewegung. Wenn wir daher jetzt genauer darnach fragen, wie die Durchdringung dieser Physis durch eine Psyche denkbar und vorstellbar sein soll, so kann uns keine andere Wahl bleiben, als die einzige Antwort: dadurch, dass die psychische Potenz auf den Bewegungszustand der Physis Einfluss nimmt. Diesen Einfluss denken wir uns aber am leichtesten wieder in der Form einer diesmal freilich zum Unterschied von der zwangsläufigen physischen Bewegung, nun so benannten psychischen Bewegung.

Es ist nun von besonderer Wichtigkeit, dass wir den Unterschied zwischen der physischen und psychischen Bewegung beachten.

Die Psyche, als eine rein geistige Potenz, ist nicht dem Zwang unterworfen. Durch ihr wesentliches Argument, die Fähigkeit unter dem Erkannten zu wählen und nur das Gewählte zu wollen, genießt sie eine Entschließungsfreiheit, sowohl in Bezug auf das Objekt, als auch in Bezug auf die Tätigung ihrer Absicht mit diesem. Im Gegensatz zu der Naturkraft, deren Wirken an ein festes, durch die von der obersten psychischen Potenz vorgewählte Weltordnung, im Schöpfungsakt gegebenes Gesetz gebunden ist und die unfrei stets nach ihrer ganzen Art und vollen Kraft wirken muss, kann die geistige Potenz Art und Grad ihrer Kraftentfaltung nach jeder Weise im Sinne der Hinordnung auf den beabsichtigten Zweck selbst variieren.

Wenn wir daher jetzt von einer psychischen Bewegung sprechen, so meinen wir darunter das System jener psychischen Tätigungen, welche auf eine Variation der Elemente der physischen Bewegung hingeordnet sind und durch willkürliche Beschleunigungen oder Hemmungen an den nach ihrem Natur-Kraft- Gesetz als Konsequenz der Uranordnung im Schöpfungsmoment sich physisch b e w e g e n d e n kleinsten materiellen Teilchen, in die urnotwendige Kausalnexion der vorbestimmten Abwicklung des Geschehens eingreifen.

Diese Möglichkeit steht durchaus in keinem Widerspruch mit der inneren Kausalität in der rein physischen Welt, sondern besteht ebenso zu Recht, wie im Falle des Baumeisters im Gleichnis von oben, die Zumutung an diesen, dass er später eine Umänderung an seinem Hause vornehme, um es zur Erfüllung eines besonderen Zweckes geeigneter zu machen.

Nachdem wir dies eingesehen haben, kann uns die Einführung der psychischen Bewegung nicht mehr bedenklich erscheinen. Wir hätten uns also etwa vorzustellen, dass dann, wenn die psychische Bewegung (die Einflussnahme der Psyche auf das Zwangsgeschehen der Physis) gleich Null angenommen wird, das Naturgeschehen sich gemäß seiner inneren Kausalität so abwickelt, wie die im Schöpfungsakte vorgegebene Uranordnung es verlangt. Diesen Zustand könnte man den einen Grenzfall heißen. Ebenso wäre als zweiter Grenzfall anzusprechen der Zustand, dass die Psyche ihre psychischen Bewegungselemente gleich groß und entgegengesetzt werden lässt, wie die physischen Bewegungen. In diesem Falle ist die psychophysische Resultierende, welche wir die wirkliche Bewegung nach streng logischer Benamung heißen müssen, dann gleich Null, weil zwei Teilbewegungen, wenn dieselben an sich gleich groß, jedoch einander entgegengerichtet sind, sich mit Notwendigkeit aufheben müssen.

Auch dieser Fall wird uns später zur Erklärung sehr schwieriger Fragen wichtigste Dienste leisten. Der sehr wahrscheinlich viel häufigere normale Fall aber wird darin bestehen, dass die psychische

Bewegung als mehr oder minder große, fördernde oder hemmende oder auch richtungsändernde Komponente sich zur rein physischen Bewegung zugesellt und mit ihr das wirkliche Bewegungsspiel im Weltgeschehen hervorbringt.

Mit dieser Vorstellung werden wir jetzt sehr leicht das Grundproblem: wieso Bewegungsverhältnisse in der Umwelt (und alle „Erscheinungen" sind solche) Bewusstseinsinhalte werden können — beantworten können, denn wir stehen nicht mehr wie die Naturwissenschaft und auch die Philosophie bisher vor dem Rätsel, das an Wunder grenzt, sondern wir haben eine elementare, mechanische Basis, die uns mit Physis und Psyche genau so operieren lässt, wie mit den Seiten der Kräfteparallelogramme.

Was heißt es also jetzt, wenn ich von mir sage: Ich höre einen bestimmten Ton? Oder mit anderen Worten: Was heißt es, dass eine mechanische Schwingung (zum Beispiel einer Stimmgabel) mit zum Bewusstsein kommt?

Der Vorgang lässt sich folgendermaßen verfolgen: Die Stimmgabel wird durch das Anschlagen in der Weise in Bewegung versetzt, dass ihre Schenkel sich in einer ganz bestimmten Periodenzahl per Sekunde einander nähern und sich wieder entfernen. Diese mit vollkommener Regelmäßigkeit vor sich gehenden Oszillationen versetzen die umgebenden Luftteilchen in Mitschwingung, und diese wieder pflanzt sich von Teilchen zu Teilchen fort. Es entsteht so die sogenannte Schallwelle, ein longitudinal fortschreitender Oszillationszustand der Luftdichte, welcher sich erfahrungsgemäß mit 333 m/sec. Geschwindigkeit fortbewegt. Dieser Schallwellenzug schlage nun an mein Ohr. Er dringt dort durch die Ohrmuschel in zweckdienlicher Weise gesammelt in den Gehörgang ein bis zum Trommelfell und versetzt dieses in Membranschwingungen. Diese werden an der Innenseite des Trommelfelles durch Steigbügel, Amboss und Hammer über das Mittelohr zum innersten Ohre geleitet, wo sie zuerst nochmals in Kompressionsvariationen der Ohrflüssigkeit transformiert, endlich von dem eigentlichen Gehörsinnesorgan der kortischen Schnecke„ gleichsam aufgearbeitet, analysiert und nach Tonhöhe und Charakter differenziert werden.

Bis hierher war der Vorgang ohne jede Schwierigkeit rein physikalisch verfolgbar. Weniger leicht nachweisbar ist dagegen schon, was auf der Strecke zwischen dem kortischen Organ und dem Gehirn vor sieh geht. Wohl sagte man, dass das, was im kortischen Organ vorging, nun „durch den Nerv" zum Gehirn geleitet werde. Allein diese Antwort muss als unbefriedigend bezeichnet werden, solange man nichts Näheres über diese Weiterleitung weiß, insbesondere vom Standpunkt der Physik, welche nicht nur eine Erklärung überhaupt, sondern eine physikalische verlangt.

Vollkommen versagte aber bisher die Antwort auf die Frage, wie dann die im Gehirne angekommene nervische Form der Schallwelle, welche ersterhand von der Stimmgabel ausging, durch Verarbeitung in den dazu berufenen Gehirnzellen, das Bewusstwerden bewirken könne.

Betrachten wir noch einmal den ganzen Vorgang zwecks besserer Durchleuchtung von der Schallerregung bis zur Schallempfindung, so können wir tabellarisch anschreiben:

Mechanische Bewegung der Stimmgabelschenkel als Erregendes.

1. Transformation dieser Gabelschwingungen in longitudinale Luftwellen.

2. Transformation der Schallwelle in eine Membranschwingung des Trommelfelles.

3. Transformation der Trommelfellschwingungen durch Steigbügel, Amboss und Hammer in eine Druckvariation in der Innenohrflüssigkeit.

4. Transformation dieser vom kortischen Organ aufgenommenen Flüssigkeitsdruckschwankung in eine Wellenform, für welche der sogenannte Nerv als Leitungsbahn geeignet ist.

5. Transformation des einlangenden nervischen Stromes in Schwingungen der Gehirnzellenmolekeln.

6. Transformation dieser letzten in das Psychische, ins Bewusstsein.

Von unserem Standpunkt aus können wir nun behaupten, dass sich keine dieser Transformationen wesentlich von den andern unterscheidet, auch die sechste nicht. Darin liegt das Wesentliche des Neuen in unserer Anschauung. Dass alle Vorgänge bis einschließlich der fünften Transformation letzten Endes nur Bewegungen sind, war ja von jeher klar und wenn auch bisher nicht mit Sicherheit erforscht worden war, wie beschaffen die in den Nerven weitergeleitete Strömung sei, ob man sich darunter rein elektrische oder andere Wellenzüge vorzustellen habe, so blieb sich dieses rein naturwissenschaftliche Detail vorn philosophischen Standpunkt aus gleichgültig. Die sechste Transformation aber musste solange ein völliges Rätsel bleiben, bis das Wesen jeder wirklichen Bewegung als einer Resultierenden aus zwei Komponenten, der rein physischen und der psychischen Bewegung erkannt worden w a r.

Jetzt, wo wir eine psychische Bewegung definiert haben, ist für uns auch diese sechste Transformation nur wieder eine solche eines Bewegungszustandes in einen anderen, also nichts, was nicht verständlich wäre.

Das folgende Gleichnis mag die Erklärungskraft unserer Hypothese erweisen.

Wir brauchen uns bloß vorzustellen, dass in dem Fall, wenn kein irgendwelcher Außenreiz dem Gehirn zugeleitet wird, die Gehirnmoleküle gewisse Schwingungen z. B. mit einer gewissen Tourenzahl vollführen, wie etwa eine Maschine, die auf Leerlauf steht. Dabei wollen wir uns weiter vorstellen, dass diese Gehirnmaschine durch zwei voneinander unabhängige Turbinen mit der Kraft versorgt wird, welche sie momentan zum Leerlauf benötigt. Die eine Turbine sei die physische Kraft, die andere Turbine die psychische Kraft. Und von beiden möge durch je einen besonderen Treibriemen die Kraft auf dieselbe gemeinsame Welle unserer Maschine im Gleichnis übertragen werden. Die beiden Turbinen sollen aber nicht nur durch ihre Nichtidentität voneinander verschieden sein, sondern auch einen ganz verschiedenen Charakter besitzen. Die eine, physische Turbine im Gleichnis, wollen wir uns gespeist denken durch eine immer gleiche Wassermenge, welche bei gleichem Gefälle eine stets gleiche Kraft hervorbringt. Und es soll kein Mittel existieren, um diese Wassermenge oder Gefällshöhe verändern zu können. Die andere Turbine dagegen soll eine Dampfturbine sein, und bei ihr soll es möglich sein, die Menge und den Druck des Dampfes willkürlich zu variieren. Nun soll ein Außenreiz im Gehirne eintreffen, das heißt unsere leerlaufende Maschine soll plötzlich beansprucht, werden. Was wird die Folge sein? Wenn an den beiden Antriebskräften, welche vorhin gerade hingereicht haben, den Leerlauf mit einer gewissen Tourenzahl zu bestreiten, nichts geändert wird, so muss die Tourenzahl der Maschine sofort sinken. Dieses Sinken der Umdrehungszahl muss sich aber durch die „Riemen, im Gleichnis" auch auf die beiden Antriebsmaschinen übertragen. Es wird also, selbst dann, wenn wir die physische Wasserturbine jetzt ganz außer Betracht lassen, auch von demjenigen Wärter, der etwa nur die Drehzahl der Dampfturbine beobachten kann, sofort bemerkt werden, dass die Maschine plötzlich beansprucht worden sein muss, weil die Drehzahl der Dampfturbine sich verändert hat.

Und dies ist die eine Möglichkeit, sich von dem Übergang eines Außenreizes in das Bewusstsein eine konkrete Vorstellung zu machen. Der Schluss, dass bei jeder Veränderung der resultierenden Gehirnmolekelschwingungen, ebenso wohl die physische wie auch die psychische Komponente für sich verändert haben muss, ist zwingend und es ist klar, dass die Variation der psychischen Komponente, weil schon ganz innerhalb des Bereiches der Psyche gelegen, von der Psyche bemerkt werden muss.

Aber es gibt noch eine zweite Möglichkeit, die schon gefasste Vorstellung noch zu stützen. Es ist klar, dass im Gleichnisse oben, um etwa, trotz der Außenbeanspruchung der Maschine, deren Tourenzahl auf der alten Höhe zu erhalten, die Antriebsleistung entsprechend dem Bedarf der Beanspruchung gesteigert werden muss. Und da wir oben ausdrücklich angenommen haben, dass die Wasserturbine keine Regulierung zulassen soll, so ist es klar, dass der Dampfhahn bei der Dampfturbine entsprechend wird betätigt werden müssen, auf dass die Dampfturbine durch ihre Mehrleistung den Mehrabgang durch die Beanspruchung wettmache. Die Dampfturbine ist für uns aber das vollkommene Symbol der Psyche als Triebkraft zur Erzeugung der psychischen Bewegungskomponente gewesen. Wenn wir jetzt einsehen, dass, um die Beanspruchung durch den Außenreiz auszugleichen, eine Mehrleistung von der Dampfturbine geboten werden muss, so heißt das im übertragenen Sinne, dass die Psyche ihre Mitleistung zur Aufrechterhaltung des ordentlichen Betriebes entsprechend vergrößern muss. Da diese Leistungssteigerung vollkommen schon innerhalb des Bereiches der Psyche liegt, so ist es wieder klar, dass die Psyche sie bemerken muss, da sie doch ihre eigene Kraft variieren muss.

Das Rätsel vom Bewusstwerden des Reizes löst sich also darin, dass auch die Psyche ihre Kraftbeteiligung an den Gesamtbewegungsgrößen im Gehirnsystem mit verändern muss, damit die Störung, welche ein ankommender Außenreiz in den Normallauf der Gehirnoszillationen gebracht hat, behoben werde.

In diesem Mitverändern der psychischen Komponente liegt und besteht im vollen Sinne des Wortes das Bewusstwerden.

Wir stehen dabei in vollkommenem Einklang mit allen unseren bisherigen Ableitungen, wie auch mit den Forschungen der Medizin, wenn wir annehmen, dass das Gehirn, als die höchste bisher von der Natur hervorgebrachte Form eines hochkomplizierten materiellen Komplexes, in ganz besonders prominenter Weise Besitz der geistigen Potenz ist und dass in den Gehirnelementen jene Hochformen materieller Ordnungen gegeben sind, die seitens der Psyche zum Träger der reichhaltigsten Entfaltungen gebraucht werden können.

Es braucht nun kaum gesagt zu werden, dass die Ableitung, welche wir über den Vorgang des Hörens eines Tones gegeben haben, ebensogut auch auf das Sehen eines Gegenstandes oder auf das Riechen, Schmecken etc. ausgedehnt werden kann. Bei allen Übermittlungen von Vorgängen oder Zuständen in der Umwelt, durch die Sinne ins Bewusstsein, war ja immer der springende Punkt lediglich die letzte Transformation aus dem Physischen ins Psychische. Ja, wir vermuten sogar, dass diese Schwierigkeit mit ein Anlass gewesen ist, auf eine materialistische Erklärung aller Vorgänge, auch des sogenannten Denkens, zu verfallen.

Wir sind jetzt so weit, dass wir einsehen, ja förmlich begreifen, dass der Mensch vermittels seiner Sinneswerkzeuge, die sämtlich nichts anderes sind als Zwischentransformationsstationen (welche die von außen herankommenden, recht verschiedenartigen Reiz mechanischen, chemischen oder lichtelektrischen Charakters, zunächst in die einheitlichen Wellenzüge des „Hausstromes" umwandeln, jener Wellenform, für deren Fortleitung die Nervenbahnen geeignet sind), Vorgänge in der Umwelt in Bewusstseinsinhalte verwandeln kann.

Es ist nun noch die umgekehrte Aufgabe zu lösen, nämlich zu erklären, wieso der Mensch imstande ist, irgendetwas, was „er will!" durchzuführen.

Nachdem alles, was in der wirklichen Welt vor sich geht oder auch scheinbar dauernd ist, nichts anderes vorstellt als einen bestimmten Bewegungszustand der kleinsten Teilchen, so kann auch alles, was wir in der Welt wollen können, nichts anderes als ein solcher spezieller Bewegungszustand sein.

Wenn aber ein endlicher Bewegungszustand notwendig das Ziel aller Wünsche oder Willenshinordnungen ist, dann ist es auch sofort verständlich, dass dieser Zustand herbeigeführt werden kann, wenn es nur gelingt, jene ursächliche Bewegungszustand-l i c h k e i t hervorzurufen, aus welcher nachher rein nach der natürlichen Kausalität der gewünschte Endzustand sich ergeben muss.

Wir können hier als Beispiel vielleicht einen Kanonenschuss verwenden.

Gewünscht wird, dass ein Volltreffer in der feindlichen Festung erzielt werde. Wir können dasselbe auch so ausdrücken: Dass in jener feindlichen Festung ein derartiger Bewegungszustand der einzelnen Teile herbeigeführt werde, dass die Kohäsionskräfte überwunden werden und eine Disaggregation der dortigen Bestandteile stattfindet, sodass nach dem Schuss von der Festung nichts mehr vorhanden ist, als ein Haufen von Trümmern und Splittern. Die Erreichung dieses gesteckten Zieles wird nun dadurch bewirkt, dass wir einerseits die notwendigen Energiemengen in eine für unsere Zwecke zur Übermittlung geeignete Form gebracht haben — (die mit Sprengstoff gefüllte Granate in der Kanone) anderseits, dass wir alle jene äußeren Umstände in Berechnung gezogen haben, welche bei der Übermittlung der Energiemenge von Einfluss sind (Erdschwere, Luftwiderstand etc.), d.h., dass wir die Kanone entsprechend gerichtet haben.

Wenn wir uns denken, dass die Granate bereits in das Geschütz geladen worden und alles zum Schuss fertig sei, so können wir nun sagen: Es genügt, wenn der Kommandant jetzt auf den winzigen elektrischen Taster drückt, denn nun, nachdem alle Vorgänge, die sich als Folgen der Reihe nach abwickeln werden, auf die Erreichung des Zieles hingeordnet sind, müssen sich diese kraft der Zwangsläufigkeit des Naturgeschehens auch in der entsprechenden Weise ereignen. Der Funke wird die Pulverladung entzünden, diese das Geschoss aus dem Rohre treiben, dasselbe wird seine Bahn in der Luft zurücklegen, am Ziele in der berechneten Weise eintreffen und dort durch die Kausalnexion des Zünders zur Explosion kommen, das heißt eine derartige plötzliche Entfaltung der in ihm beherbergten Energiemengen bewirken, dass die Zertrümmerung und Zerstreuung des feindlichen Forts bewirkt wird.

In ganz ähnlicher Weise wie der Kommandant jenes gewaltigen Geschützes, der durch den Tasterdruck das Spiel der Naturkräfte auslöst, müssen wir immer vorgehen, wenn wir irgend etwas in der Welt bewirken wollen, und sei es das kleinste.

Etwas wollen heißt also die psychischen Bewegungsgrößen im Gehirn derartig variieren, dass dann als Resultante aus psychischer und physischer Bewegungsgröße der schwingenden Gehirnatome jener ursächliche, wirkliche Gehirnoszillationszustand zustande kommt, der seinerseits durch die Nervenbahnen fortwirkend mittels der äußeren Körpermuskulatur endlich jene Vorgänge in der äußeren Welt einleitet, die zur letzten Erreichung des angestrebten Zieles notwendig und hinreichend sind.

Die Psyche des Geschützkommandanten oben musste also eigentlich gleichsam zuerst mit dem Taster der psychischen Bewegungsgrößen auf die physischen Atomschwingungen im Gehirn drücken, damit diese Oszillationen jene besondere Form annehmen, die, wieder weitergeleitet durch die motorischen Nerven, endlich jene Bewegung der Hand und des Fingers hervorrief, welche diesen über den elektrischen Taster niederbog und so die Abfeuerung des Geschützes bewirkte.

Nachdem wir auch diese aktive Einwirkung auf die äußere Welt durch den Menschen so einfach ableiten konnten, kann nun auch das letzte Problem: Wie ist die Übermittlung eines geistigen Inhaltes von einem Menschen auf einen anderen, durch die Physis der Welt möglich? keine wesentlichen Schwierigkeiten mehr bereiten.

Wir fragen also jetzt:

Was heißt es, wenn mein Freund mir einen Gedanken, den er hegt, mitteilt?

Wir sehen hier sofort, dass es im wesentlichen auf die Transformation seines Gedankens in einen physischen Bewegungszustand ankommt, welcher die Eignung besitzt, die Wegstrecke bis zu mir zu überbrücken, und der endlich bei mir in einer solchen Form ankommt, dass er durch meine Sinne mir wahrnehmbar gemacht werden kann. Dabei ist es an sieh ganz gleichgültig, wie viele Umformungen auf dem Wege stattfinden, nur ist es unbedingt notwendig, dass jede Umformung der Bedingung der Eindeutigkeit entspreche. Ein Beispiel macht dies leicht verständlich:

Es ist ganz gleich, ob mein Freund seinen Gedanken zu mir direkt ausspricht, oder ob er zu mir telefonisch spricht, ob er in einen Phonographen spricht, mir die Platte schickt und ich durch Abspielen derselben die Schallwellen mir reproduziere, ob er in sichtbarer Schrift hinschreibt, diese zum Telegrafenamt trägt, wo die Worte in Morsezeichen transformiert werden und als solche in Form elektrischer Ströme oder (bei drahtlosem Verkehr) Wellen die weite Distanz überbrücken und nachher wieder Rücktransformationen gemacht werden, deren letzte mir zukommt. Bedingung ist lediglich, dass ich letzterhand das System, welches benutzt wird, kenne, und dass die Zeichen dieses Systems eindeutig sind. Die Verständigung wird z. B. dann nicht erzielt werden, wenn mein Freund zwar auch in deutscher Sprache seine Mitteilung verfasst, aber in einem Stenographiesystem niederschreibt, welches ich nicht kenne, oder aber auch dann nicht, wenn mein Freund in einem mir bekannten System (z. B. Buchstabenschrift) eine andere Zuordnung der Zeichen zum Sinne trifft (also den Brief chiffriert, ohne dass ich den Chiffernschlüssel kenne).

Auf dieser Erkenntnis des Wesentlichen am Vorgang der Verständigung zwischen zwei Menschen sehen wir sofort, dass ein jeder sogenannte Sinn, also ein jedes Instrument, welches auf seine Weise zur Transformation der in der Umwelt vorkommenden Wellengattungen in die Nervenwellen geeignet ist, einen für sich allein selbstständigen Weg zur prinzipiellen Verständigung sowohl, als zur Aufnahme von Eindrücken aus der Umwelt vorstellt.

So viel Sinne, so viel Wege! Das ist gewiss.

Wir wissen aber auch schon aus dem ganz gewöhnlichen Hausgebrauch, dass nicht alle diese Wege dieselben Vorteile bieten, ja auch, dass sie nicht ohne weiteres miteinander konkurrieren können, sondern dass jeder für sich seine besondere Bedeutung hat. Wohl kann im Prinzip jeder Sinn zur Verständigung über jeden Erkenntnisinhalt dienen, aber lange nicht in gleich vorzüglicher Weise. Es kann keinem Zweifel unterliegen, dass auch ein Volk von lauter Blinden unter sich eine Schrift erfunden haben kann (Tastschrift), mittels welcher sich die einzelnen Individuen vortrefflich über alles unterhalten und über die höchsten Gedankengänge diskutieren können. Dennoch kann nicht geleugnet werden, dass, trotz allen Vorteilen dieser Verständigungsart und ihrer prinzipiellen Möglichkeit, auch über alles, also auch etwa über die Farben sich auszudrücken, sie dennoch gegenüber den Verständigungswegen eines sehenden Volkes im Nachteil sein wird. Denn wenn auch die Blindenschrift an sich die Möglichkeit bietet, in ihr ein Lehrbuch über die Farben zu drucken, so wird dieses ganze, für den Sehenden so reichhaltige Gebiet der Literatur im Schrifttum eines vollkommen blind gedachten Volkes überhaupt nicht vorkommen, weil mangels der Fähigkeit, Farben wahrzunehmen, auch der Begriff der Farben den Blinden fehlen wird. Es wird also der Sehende, trotz prinzipieller Gleichwertigkeit seiner Verständigungsmittel mit denen des Blinden, in Wahrheit im Vorteile sein, denn er besitzt eine Wahrnehmungsmöglichkeit mehr, also eine natürliche Vollkommenheit mehr, welche auch seiner Psyche ein neues Reich zu ihrer Tätigung darbictct.

Diese Gedankengänge behalten aber nicht nur dann ihre volle Gültigkeit, wenn wir uns den einen oder anderen, beim normalen Menschen ausgebildeten Sinn wegdenken und darüber diskutieren, wie beschaffen das Verhältnis Blinder zu uns oder Tauber und Blinder zu nur Blinden und so fort sei, sondern auch dann, wenn wir in aufsteigender Linie vorgehen und uns fragen, ob denn nicht außer den uns allgemein bekannten Wegen der gewöhnlichen Sinne, noch andere, höhere Wege mit neuen Vorteilen und Vollkommenheiten denkbar wären.

Die Naturwissenschaft selbst kann uns hier schon Fingerzeige geben, sind doch alle ihre Instrumente und Apparate letztlich nichts anderes als Systeme, welche in etwas der Schwäche der menschlichen Sinne abhelfen und die Grenzen der Wahrnehmung erweitern sollen.

Es ist heute jedem Schulknaben bekannt, dass es mit instrumentellen Mitteln nicht nur gelingt, solche Naturvorgänge uns wahrnehmbar zu machen, welche ihrer Art nach wohl in das Gebiet unserer Sinne fallen, aber bloß zu schwach sind, um die Reizschwelle der Sinnesorgane zu erreichen . sondern dass es auch auf verschiedenste Weise möglich wurde, Zuständlichkeiten im Weltgeschehen unserer Wahrnehmung zuzuführen, die eigentlich gar nicht in das Tätigkeitsfeld unserer normalen Sinne fallen.

Wir besitzen keinen eigentlichen Sinn für Elektrizität. Jedenfalls ist es uns nicht möglich, die Spannung und Stärke eines unseren Körper durchfließenden Stromes so anzugeben, wie wir etwa mittels des Ohres die Höhe und Stärke eines Tones zu beurteilen vermögen. Wir haben aber Apparate konstruiert (Voltmeter und Amperemeter), mittels welcher wir in sichtbarer Form diese besonderen Charaktere eines Elektrostroms zu erkennen vermögen. — Oder, — Wenn wir einen echten und falschen Brillanten nicht anders unterscheiden können, dann bietet uns die Prüfung im polarisierten Lichte ein sicher entscheidendes Kriterium. Wir besitzen gleichfalls kein natürliches Polarisationsauge. Hätten wir ein solches, so würden wir außer dem sichtbaren Weltbilde noch ein zweites Polarisationsbild erschauen und aus ihm in einer neuen Vollkommenheit die Umwelt zu erkennen vermögen. Wir besitzen kein Organ für die spektroskopische Zerlegung des Lichtes in seine verschiedenen Wellenlängen. Besäßen wir ein solches, müsste uns gleichfalls eine ganz neufältige Beurteilung der Welt der Erscheinungen möglich sein. Mit einem Worte, wir sehen deutlich, dass es in der Natur Vorgänge gibt, welche an sich auch zur Übermittlung von Gedankeninhalten geeignet wären, für deren Aufnahme wir aber kein Organ besitzen.

Es wird sich nach der ganzen Sachlage viel weniger darum handeln, von rein theoretischer Seite die Möglichkeit zu neuartigen Sinnen des Menschen nachzuweisen (denn diese ist von vornherein gegeben), als vielmehr praktisch experimentell den Nachweis zu führen, dass ein solcher Sinn tatsächlich vorhanden ist.

Man sage nicht, dass dann, wenn dem so wäre, dieser Sinn schon längst bekannt und genau erkannt sein müsste. Gerade der Umstand, dass die allgemeinen Sinne für den gewöhnlichen Gebrauch des Menschen und die Ansprüche, welche dieser selbst stellt, genügen, musste notwendig in einer Zeit, in welcher man es kaum der Mühe wert fand, über noch andere Möglichkeiten viel nachzudenken, die Entdeckung eines solchen hinausschieben, wenn er sich nicht geradezu von selbst verriet. Wir brauchen bloß den historischen Entwicklungsgang ein wenig zu verfolgen.

Von jenem Urmenschen, der gleich dem Tiere animalisch nur über die Fähigkeit zur Erzeugung von Lauten verfügte, der sich aber eben dadurch über alle Tiere vor ihm erhob, dass er durch seine Reflexionsfähigkeit diese Urlaute in ein eindeutiges Transformationssystem brachte und so aus ihnen die Ursprache schuf, über denjenigen, der erkannte, dass auch ein greifbares oder sichtbares System von bestimmten Zeichen (Buchstaben) dieselben Dienste Leistet und der die Urschrift erfand, bis heute, wo wir über die Drucktechnik, Telefon und Telegraf verfügen, sehen wir eigentlich den Menschengeist nur darin tätig, die technischen Unvollkommenheiten seiner Verständigungssysteme zu beheben und diese auf eine solche Höhe der mechanischen Ausgestaltung zu bringen, dass mit ihnen der Erdball selbst, der ganze Planet, auf dem wir wohnen, in einer unsere „modernen Bedürfnisse" befriedigenden Art umspannt wird. Wir sehen aber eigentlich nirgends das Bestreben, außer den beiden gewaltig entwickelten alten Dolmetschen, Schritt und Sprache, neue Verständigungsmöglichkeiten zu suchen.

In der Tat kann auch niemanden ein heftiges Verlangen nach einer Sache ergreifen, die er nicht kennt und der Wunsch nach einer neuartigen Möglichkeit, wo die alte durch ihren technischen Fortschritt geradezu blendet. Erst jemand, der aus dem Strahlenkreise dieses mächtigen Scheinwerfers herausgetreten ist, wird vielleicht auf andere Gedanken sich geführt sehen.

Unsere Wege waren bis hierher solch dunkle, abseitige und gerade darum sind sie es, welche uns zu einem neuen Licht hinführen werden.

Wenn wir jetzt von der Raststatt, die wir uns vorhin, kurz vorm Ziel als die letzte gewährten, Ausschau halten, nach den scheinbar so blendenden Vollkommenheiten der Weltmächte Schrift und Sprache, so werden wir deren recht wenige finden. Vor allem müssen wir sagen, dass bei jeder Übermittlung eines Erkenntnisinhaltes durch unsere Sinne eine geradezu beängstigende Menge von Transformationen stattfindet, die sicherlich ebenso viele Fehlerquellen darstellen und Transmissionsverluste mit sich bringen. Wir müssen jedenfalls darauf bestehen, dass alle Arten der bisher menschlich möglichen Verständigung und Wahrnehmung von Zuständen in der Umwelt noch lange nicht dem Ideal entsprechen, ja nicht einmal ihm nahekommen. Wohl ist es uns unter Umständen möglich, von einer Erscheinung in der Umwelt durch unsere sämtlichen Sinne Kenntnis zu nehmen, wenn das Phänomen sichtbar, hörbar, riechbar, schmeckbar, tastbar ist, aber dennoch bleibt unsere Erkenntnis von der Erscheinung unvergleichlich erbärmlich gegenüber derjenigen, welche wir einem reinen Geiste mit Notwendigkeit zuschreiben müssten, einem Wesen also, das zwar über keine äußeren Sinne, dafür aber unmittelbar über die Argumente der psychischen Potenz verfügt.

Freilich sind wir Menschen keine solchen reinen Geister und es ist also von uns nicht zu verlangen, dass wir uns unsere Gedanken durch den bloßen Willensakt übermitteln können, dass, also, wie es zwischen reinen Geistern sein muss, wenn ich will, dass mein Freund jetzt das wissen solle, was ich ihm geistig zurufe, er es auch schon weiß Aber wir könnten verlangen, dass die Natur uns einen einfacheren Weg zur Benutzung freigibt, der die weitaus meisten Transformationen überflüssig macht.

Rein theoretisch müssen wir nämlich behaupten, dass auch zwischen Menschen eine Verständigung prinzipiell möglich sein muss, wenn nur je eine psycho-physische Transformation vom Sender und eine physo-psychische Rücktransformation beim Empfänger stattfindet.

Wenn wir Menschen schon nicht rein physisch denken können, sondern, wenn auch alle unsere Gedanken, weil wir wirklich seiende Wesen sind, nichts anderes als psychophysische Oszillationen der Gehirnatome sein können, so ist es doch zu verlangen, dass ein Weg von meinen Gehirnoszillationen zu denjenigen meines Freundes möglich sei, ohne dass ich erst gezwungen bin, meine Gedanken in die Worte einer Sprache (also eines Symbolsystems) umzusetzen; zu fordern deshalb, weil wir ja von der Natur auch sonst wissen, dass sie imstande ist, Schwingungszustände von kleinsten Teilchen über ungeheure Zwischenräume in Form von Wellen oder Strahlen fortzupflanzen.

Von der allgemeinen Definition einer Welle, als eines periodischen Vorganges, der auf Grund der Erregung durch ebenfalls periodische Schwingungen kleinster Teilchen, sich nach allen Seiten fortpflanzt, gelangen wir leicht zur besonderen Kennzeichnung einer psychophysischen Welle, wenn wir derselben als Erreger den psychophysischen Bewegungszustand der kleinsten Gehirnelementchen zugrunde legen.

Allerdings ist diese Definition zunächst noch recht allgemein und nicht für denjenigen besonderen Fall genügend, der uns im zweiten und dritten Hauptteile dieser Schrift beschäftigen wird.

Wenn wir nämlich die jetzt gegebene Definition allein anwenden, dann ist jede Art von Welle immer dann eine psychophysische, wenn sie Träger oder Übermittler von Gedanken wird. Es wäre also z. B. diejenige Schallwelle, welche von einer schwingenden Stimmgabel erzeugt wird und die in weiter nichts als einer rein physikalischen Oszillation von einer gewissen Periodenzahl per Sekunde besteht, eine rein physische Welle, trotzdem sie durch die Transformation in unserm Ohr und nachher im Gehirn zum Bewusstseinsinhalt wird; dagegen wäre der Schallwellenzug, welcher von mir aufgenommen wird, wenn mein Freund zu mir spricht, eine psychophysische Welle, weil diese Schallwellen Träger von Gedanken sind, welche sie von meinem Freunde her mir übermitteln. Ebenso sind Lichtsignale, wenn sie einer Verständigung dienen (Morse-Funkenzeichen), psychophysische Wellen, auch die elektrischen Ströme, die im Telefonkabel laufen, endlich die elektrischen Wellen bei drahtloser Telegrafie und Telefonie — Ja, wir müssten eigentlich konsequenterweise noch weitergehen und z. B. jenen mechanischen Linienzug, der durch die Stimme des Sprechenden in die Phonographenplatte eingegraben wird, gleichermaßen als psychophysische Welle ansprechen als zuletzt gar die Handschrift oder auch Maschinenschrift, welche ja auch nichts anderes sind als Symbolkonglomerate, die als Gedankenübermittler Dienste tun.

Gewiss müssen wir auch diese letzten beiden Fälle mit in unsere Definition einschließen, aber wir können uns dabei dennoch, ohne in Widerspruch mit uns selbst zu geraten, der Meinung zu bekennen, dass alle diese psychophysischen Wellenarten untereinander wohl prinzipiell, nicht aber in der Praxis einander gleichgestellt sind. Gerade das Beispiel von Handschrift im Verhältnis zu Maschinenschrift vermag uns auf einen sehr lehrreichen Gedankengang zu bringen. Die Handschrift ist ein Linienzug, der durch eine kombinierte Muskeltätigkeit des Unterarms resp. der Hand hervorgebracht wird. Die Maschinenschrift dagegen ist eine durch mechanische Übertragung hervorgebrachte Setzung von Schriftzeichen, deren erregende Bewegung das durchaus einförmige Niederschlagen von Tasten vorstellt. Wir bemerken hier sofort den Unterschied zwischen den beiden Schriftarten. Auf der Maschine prinzipielle und auch praktische Gleichheit der zur Erzeugung eines A, e, ü, x notwendigen Bewegung, bei der Handschrift feinste Differenzierung der muskularen

Komponenten zur Hervorbringung der verschiedenen Buchstaben. Es wird uns also vom rein philosophischen Standpunkt und kraft unserer ganzen bisherigen Ableitungen vollkommen einleuchten müssen, dass nur die Handschrift als ein höherer, influierter Ausdruck des Schreibers angesehen werden kann, in welcher sich sogar ganz gewiss die ganze Persönlichkeit desselben spiegeln kann, weil die Handschrift mit ihren Möglichkeiten der millionenfachsten Variationen in ihren kleinsten Elementen der Bedingung der differenziertesten psychischen Durchdringung genügt, während die Maschinenschrift in der Eintönigkeit ihrer Erzeugung der Psyche keinen Variationsspielraum gewährt. Wenn also etwa gefunden wird, dass sich in der Handschrift eines Menschen seine ganze Seele abzuspiegeln vermag, wogegen aus einer Maschinenschrift desselben Schreibers nichts Diesbezügliches ersichtlich hervortritt (und dies wird tatsächlich durch die Erfolge der Graphologie dargetan), so ist für uns dies alles selbstverständlich, nach dem schon viel weiter oben abgeleiteten Satze, dass die psychische Besitzergreifung oder Durchdringung eines physischen Komplexes niemals mannigfaltiger psychisch differenziert sein kann, als dieser Komplex materiell kompliziert ist, dass vielmehr die Mannigfaltigkeit der psychischen Entfaltungen stets derjenigen der physischen Vollkommenheiten gleich sein muss.

Wohl wäre es interessant, den betretenen Spuren weiter zu folgen, allein hier ist es uns noch nicht gestattet, auf Einzelheiten und spezielle Konsequenzen in Bezug auf besondere Fälle einzugehen, mehr als es zur Erläuterung unbedingt nötig ist. Noch liegt es uns ob, in allgemeineren Gedankengängen uns zu bewegen.

Wenn wir uns jetzt fragen, welche Lehre wohl die allgemeinste ist, die wir aus den bisherigen Ausführungen dieses Kapitels ziehen können, so müssen wir sagen: Die Erkenntnis, dass alle diejenigen Wellen, welche wir bisher bedingungsweise, d, h. dann, wenn sie Übermittler eines psychischen Inhaltes sind, psychophysische Wellen genannt haben, an und für sich auch als rein physikalische Naturerscheinungen vorkommen, ja weitaus in den meisten Fällen solche und nur ausnahmsweise (nämlich dann, wenn wir uns gerade ihrer bedienen) psychisch hervorgerufene Vorgänge sind. Wir sehen also, dass — wenigstens bisher — sich die Psyche zur Übermittlung durch die Welt der Erscheinungen immer nur solcher Wege bedient hat, die an sich rein natürlich physikalisch schon vorgegeben waren, dass wir, um uns zu verständigen, nicht Vorgänge hervorrufen und gebrauchen, welche rein physisch unmöglich wären.

Das braucht uns freilich nicht zu wundern, denn wir wissen nur zu klar, dass auch die psychische Potenz aus der Physis nichts anderes herausholen kann, als eben nach der Natur derselben überhaupt möglich ist. Es ist also eine Notwendigkeit, dass alle diejenigen Vorgänge, deren sich die Psyche in der Physis zu bedienen vermag, auch sozusagen rein physikalisch auftreten können; der Unterschied zwischen beiden Fällen liegt nur darin, dass im letzteren Falle das Auftreten der Erscheinung nach der zwangsläufigen Kausalität des Naturgeschehens erfolgte, deren Urgrund die Anordnung im Setzungsmoment der Schöpfung war, während im ersten Falle eine eingreifende freie Aktion der Psyche auf die Physis vorlag. — Wir können jetzt also mit der Kraft der Logik voraussagen, dass auch alle anderen, neuen, uns heute etwa noch ganz unbekannten Wege zur Verständigung durch andere Weisen als mittels unserer Sinne dieser Forderung werden genügen müssen und dass alle diejenigen Vorgänge, welche überhaupt von der Psyche zur Übermittlung von psychischen Inhalten gebraucht werden können, auch rein physikalische Möglichkeiten sein müssen, die auch in der Welt der Erscheinungen auftreten können und jedenfalls auch wirklich auftreten.

Wir können daher jetzt mit Gewissheit sagen, dass jene denkbar einfachste Weise der Verständigung zwischen zwei Menschen, welche nur in einer einfachen psychophysischen Transformation in jedem Gehirn besteht, die auf jedes Sinnesorgan verzichtet und gleichsam direkt die Gedanken von einem Individuum auf das andere überträgt, sicherlich als Träger nur eines Vorgangs sich bedienen kann, der auch rein physikalisch in der Natur möglich ist, und der auch wohl als solcher wirklich vorkommt. Wenn aber das wahr ist, dass jener Wellenzug (als solchen müssen wir uns den Vorgang nach allen Analogien wohl oder übel vorstellen), der direkt von den schwingenden Gehirnelementchen ausgesendet oder höchstens von einem besonderen Antennenorgan des Gehirns, das aber in diesem Falle nur Sender und nicht Transformator ist, ausgestrahlt wird', eigentlich ein rein physikalischer Vorgang ist, dann muss er als solcher den Gesetzen natürlicher Vorgänge unterliegen und muss der rein naturwissenschaftlichen Erforschung zugänglich sein.

Diese Erkenntnis ist die letzte, welche wir auf rein philosophisch-deduktivem Wege über das Dasein und die Existenzform einer besonderen psychophysischen Wellengattung erlangen können. Sie weist uns zugleich selbst den Weg, der allein von hier noch weiter führen kann. — Es ist dies der . Pfad, auf welchem die experimentelle Naturwissenschaft wandelt. — Hier verlässt uns die Philosophie als Führerin, nicht aber, ohne uns der empirischen Forschungsdisziplin als ihrer Nachfolgerin übergeben zu haben. Und von nun ab dürfen wir auch dieser volles Vertrauen schenken, denn das Gebiet, über welches sie uns weiter emporzuleiten hat, ist ihr eigenstes Feld, auf dem nur sie allein maßgebend und berufen sein kann.

Wir wollen aber von der Philosophie nicht Abschied nehmen, ohne uns an alles das noch einmal kurz zu erinnern, was sie uns über den langen Weg erkennen lehrte und nun als wertvolles Gut für unsere weitere Reise mitgibt. Die Philosophie hat uns durch einleuchtende Deduktionen gezeigt, wie wir Menschen auffassen können:

Was es heißt, überhaupt zu sein;

Was es heißt, möglich, geistig und wirklich zu sein;

Wie in der wirklichen Welt eine Tripelallianz der drei Argumente des Urseins vorliegt;

Dass sich insbesondere in der Wirklichkeit eine psychische und eine physische Realität durchdringen.

Sie hat uns weiter eingeführt darin, wie wir uns den Aufbau der rein physischen Welt und den Nexus zwischen Physis und Psyche vorstellen können; endlich hat sie uns gelehrt:

Was es heißt, leblos, was, belebt zu sein, und wieder, was es speziell heißen soll, ein Stein, eine Pflanze, ein Tier, in Sonderheit ein Mensch zu sein.

Vom Menschen aber und seinen Sinnen hat sie uns eine Vorstellung verschafft, wie der Mensch durch diese Instrumente Kenntnis von Vorgängen der Welt erlangen kann und wie es ihm durch seine Sinnesorgane prinzipiell möglich ist, psychische Inhalte durch Vermittlung der Physis seinem Artgenossen zu übermitteln.

Vor allem aber haben wir die Gewissheit erlangt, dass die bisherigen Möglichkeiten auf diesem Gebiet noch durchaus nicht notwendig alle Möglichkeiten überhaupt vorstellen, dass sie samt und sonders nicht die besten sind, vielmehr gemeinsam sehr große Mängel aufweisen, dass aber vom rein philosophischen Standpunkt aus sich mit voller Notwendigkeit der Logik außer diesen bisherigen Wegen ein neuer Ausblick zu einer höheren, und weit unmittelbareren Verständigung zwischen Menschen ergibt, einer Möglichkeit, die zwar auch auf einem an sich rein physikalischen Vorgang einer wellischen Fortpflanzung über den Raum beruht, die aber doch dadurch, dass sie die für Menschen überhaupt denkmöglich höchst einfache Form einer Übermittlung bedeutet, einen ganz besonderen Rang als psycho-physische Welle einnimmt; und als Letztes, dass diese neue Wellenart nach ihrem Wesen der naturwissenschaftlichen Forschung zugänglich ist.

ZWEITER HAUPTTEIL

Wenn wir schon jetzt im zweiten Teil dieses Werkchens, welcher gewissermaßen ein Mittelstück zwischen dem ersten und dritten Hauptabschnitt sein soll, uns auf prinzipielle Erklärungen über die Phänomene einlassen, so geschieht es aus drei Gründen. Einmal um zu zeigen, wie fruchtbar die Überlegungen des ersten philosophischen Teiles an sich schon sind, selbst bevor sie noch durch experimentelle Ergebnisse gestützt werden, dann aber um darzutun, dass Erscheinungen, welche mit den bisherigen rein physikalischen Vorgängen nicht erklärt werden können, eigentlich schon in sehr reichlicher Fülle seit Langem bekannt sind, endlich aber auch deswegen, weil eine gewisse Kenntnis derselben für die späteren empirischen Forschungen im vorhinein notwendig ist, weil nur eine solche jene oft raschen Schlussbildungen zulässt, welche auf neue Forschungswege hinzuweisen und damit einen über das schon Erreichte hinausgehenden Fortschritt hervorzubringen vermögen.

Wir wollen nun ohne viel Umschweife zu diesen Erklärungen übergehen.

TELEPATHIE.

Unter dem Begriffe der Telepathie stellt man sich — wie das Wort schon sagt — eine Fernübertragung von psychischen Akten (Willensakten) ohne Vermittlung der sogenannten äußeren Sinne vor. Genau genommen sollte darnach nur die Telepathie ohne Kontakt unter diesen Begriff fallen, es hat sich aber der Gebrauch herausgebildet, auch jene Übertragungen noch zu ihr zu rechnen, welche zwar mit Kontakt (d, h. bei körperlicher Berührung zwischen Auftraggeber und Ausführendem), jedoch ohne Vermittlung der normalen fünf Sinne statthaben. Das prinzipielle Experiment besteht darin, dass der Auftraggeber sich eine Handlung, welche momentan ausgeführt werden kann, in derselben Weise und Reihenfolge denkt, in welcher er sie selbst durchführen würde, dass dieselbe aber nicht von ihm, sondern einer zweiten Person, die man in diesem Falle den Telepaten nennt, ausgeführt wird, indem dieselbe den Willen der ersten auf eine nicht durch die Sinne dargegebene Weise aufnimmt und vollzieht.

Von unserem Standpunkt aus können wir daher die folgende Erklärung geben.

Es handelt sich jedenfalls um eine Erscheinung, die auf Konto der speziellen psychophysischen Welle zu schreiben ist. Bei der Telepathie mit Berührung hätten wir uns vorzustellen, dass die von den schwingenden Gehirnatomen aus gesendeten psychophysischen Wellen ähnlich dem elektrischen Strome, wie er in Drähten fließt, durch die Nerven weitergeleitet werden und dass durch den Kontakt (welcher meist am Handgelenk stattfindet), diese Ströme von einem Körper' auf den andern übergehen, dort wieder durch die Nervenbahnen weitergeleitet werden und im Gehirn das Experimentators, das von diesem freiwillig „geräumt und zur Verfügung dieser einlangenden Willensbefehle gestellt wurde", jenen Schwingungszustand hervorrufen, der wieder als primärer Vorgang jene Ströme erzeugt und durch die motorischen Nervenbahnen zu den muskularen Nexionen weiterleitet, welche in letzter Instanz die Durchführung des Auftrages bewirken. Wir stehen also auf dem Standpunkt, dass auch eine wahre Telepathie mit Kontakt möglich ist, die wirklich nicht in einer Benutzung von Tricks und Kombination von unwillkürlichen, sinnlich wahrnehmbaren Bewegungen des Auftraggebers ihren Grund hat, sondern die eine unmittelbare Gedankenübertragung mittels psychophysischer Wellen in Form von Nervenströmen ist.

Damit soll aber nicht behauptet werden, dass alles, was in dieser Hinsicht von sich öffentlich produzierenden Experimentatoren in puncto Telepathie mit Kontakt gezeigt wird, wirklich solch echtes Fernfühlen unter Ausschaltung jeder Kombinatorik ist, vielmehr muss es erfahrungsgemäß sogar als am schwierigsten vom Ganzen bezeichnet werden, eben diese Kombinationen und Konklusionen über unwillkürliche Reflexbewegungen gänzlich auszuschalten.

Reiner schon tritt auch bei öffentlichen Produktionen die Telepathie ohne Berührung in Erscheinung.

Diesmal handelt es sich um eine wirkliche Übermittlung durch den freien Luftraum, so dass eine Verbindung zwischen Auftraggeber und Telepaten durch ein anderes Medium als die Luft nicht gegeben ist.

Von unserem Standpunkt aus möchten wir auch der Anwesenheit von Luft durchaus keine Wichtigkeit beimessen, denn wir sind überzeugt, dass auch im Vakuum die Übertragung stattfinden würde, wenn es möglich wäre, solche Versuche anzustellen, was freilich auf große, praktische Schwierigkeiten stößt Auch die Erklärung für diese eigentliche Telepathie lässt sich mithilfe der psychophysischen Wellen sehr leicht geben. Wir brauchen nur die Annahme zu machen, dass das Gehirn ebenso wie eine Zentralstation, welche für Telefonie mit Draht für die Hausbedürfnisse eingerichtet ist (Haustelefon), aber für den Fernverkehr drahtlos arbeitet, auf beide analogen Arten über die psycho-physischen Wellen verfüge. Dann muss jetzt, wenn der Auftraggeber dem Telepaten die Aufgabe gedanklich übermitteln soll, von der Hausleitung gleichsam auf die Fernleitung umgeschaltet werden, und anstatt dass die Gehirnschwingungen Nervenströme erzeugen, müssen sie nun direkt oder höchstens durch ein besonderes Antennenorgan Fernwellen erzeugen, das heißt eine solche physikalische Form annehmen, welche sich über den Raum fortzupflanzen vermag. Der Empfänger, bezw. Telepath hat dann wieder mit der Antennenfähigkeit seines Gehirns oder dem besonders hierfür geeigneten Organ die ankommenden Wellenzüge aufzunehmen und in einfacher Rücktransformation in die Tätigkeiten umzusetzen.

SUGGESTION.

Unter Suggestion definiert man gemeinhin eine derartige Beeinflussung des Willens einer zweiten Person durch eine erste, dass dieselbe mehr oder weniger des Bewusstwerdens ihrer eigenen, ihr durch Vermittlung ihrer Sinne zukommenden Reize beraubt wird und an Stelle dieser ihr diejenigen Reize vorhanden zu sein scheinen, welche die erste Person durch ihren Willensakt ihr zugebracht wissen will.

Zum Beispiel wird eine in Wachsuggestion befindliche Person, welche mit offenen und auch in optischer Wirksamkeit befindlichen Augen auf dem Podium vor einem Saal von Zuschauern steht, dennoch nicht das Bild des Saales sehen, sondern z. B. eine Gebirgslandschaft zu sehen meinen, welche der Suggesteur von ihr gesehen wissen will. Natürlich kann auch jeder beliebige andere Sinn Gegenstand einer suggestiven Beeinflussung sein, so dass die suggerierte Person zum Beispiel Schmerzen nicht empfindet, die sie eigentlich wahrnehmen sollte (wenn man ihr etwa eine Nadel durch den Arm sticht) oder umgekehrt solche zu empfinden meint, welche sie eigentlich nicht haben kann.

Nach dieser Definition kann es uns nicht schwerfallen, eine Erklärung für die Suggestion zu geben, auch dafür, dass dieselbe auch von einer Person gegen sich selbst hervorgerufen werden kann (Autosuggestion). Wir brauchen uns bloß zu denken, dass neben der Durchdringung des Gesamtmenschen durch die ihm allein vor allen Tieren zukommende Menschenseele, ja immer noch auch die niedriger-gradige Durchdringung durch die „tierische Seele" stattfindet.

Im Menschen hat deswegen immer noch jedes Atom seine Atomseele, jedes Molekül seine Molekülseele und der ganze Körper, insofern er einem Tiere vergleichbar ist, seine Tierseele. Wir sind einerseits das höchste Tier, aber über dieses hinaus noch besonders Mensch, das heißt jenes Wesen, in welchem die psychische Durchdringung neben ihren niedrigeren Graden auch schon jene Stufe erreicht hat, wo Selbstbewusstsein eintritt und die Argumente der reinen Psyche zum ersten Male in offenbare Manifestation treten.

Dass wir außerhalb unseres eigentlichsten Menschseins auch Tiere sind, geht, wie wir schon oben gestreift haben, schon aus dem geradezu völlig gleichen organischen Aufbau zur Genüge hervor, aber auch dadurch, dass wir neben unseren höheren Geistesqualitäten gleichzeitig noch dieselben geistigen Fähigkeiten aufweisen, welche die Tiere (diese freilich allein, ohne die höhergradigen) besitzen. Das, was wir unseren Zellenstaat und seine Funktionen nennen, ist zweifellos rein tierisch, und dass dieser Organismus für sich etwas von unserem Ich vollkommenes Verschiedenes ist, kann nach den neuesten Forschungen nicht mehr im geringsten unsicher sein. Wir können uns nun denken, dass die normalen Organfunktionen einschließlich ihrer unterbewussten Wahrnehmung und der instinktiven Reaktionen auf diese, einen Kreiskomplex vorstellen, der im Allgemeinen unabhängig vom eigentlichen Ich in uns fortwirkt. Freilich ist ja ein gewisser Nexus zwischen diesen niedrigeren Bahnen und den hohen des Ego der Psyche in uns gegeben. Gerade darum aber vermögen diese beiden psychischen Manifestationen nebeneinander und gleichsam übereinander zu arbeiten und sich gelegentlich auch zu gemeinsamer Arbeit zu verbinden; ja diese einträchtige Tätigkeit wird sogar der gewöhnliche Fall sein. Dass aber auch Fälle vorkommen können, wo diese beiden Prinzipien selbstständig aktiv auftreten und geradezu gegeneinander arbeiten, ist jedem aus eigener Erfahrung klar. Das Hochinteressante dabei ist vielmehr eigentlich bloß, dass sich durchaus nicht von jedem Standpunkt aus sagen lässt, dass die eine Manifestation, nämlich die eigentlich menschliche Psyche, die im Vergleich zur andern immer mächtigere sei. Das Verhältnis des Herrn zum Knecht existiert wohl, aber nicht immer mit gleicher Rollenverteilung. Zwei Fälle mögen diese Worte beleuchten.

Der eine Extremfall, wo der Zellenstaat sieh zum Herrn der Psyche aufwirft, ist die Ohnmacht. Dadurch, dass unser Zellenleib durch diejenige Kraft, welche in ihm regiert und welche wir oben die tierische Seele genannt haben, in die Ohnmacht geworfen wird, wird das Walten der Psyche einfach ausgeschaltet. Der Körper versagt der Seele den Dienst. Umgekehrt aber kommt auch der Fall vor, wo die Psyche ihre Herrschaft über den Zellenstaat manifestiert, nämlich dann, wenn sie, um eine edle Tat auszuführen, den Zellenleib zwingt große Gefahren oder Schmerzen zu ertragen, zum Beispiel ins Wasser zu springen, um einen Ertrinkenden zu retten, wenn die Umstände äußerst ungünstige und eigengefährliche sind, oder aus einem Brande ein Kind zu retten, wobei es gewiss ist, dass man selbst nicht ohne schwere Brandwunden 'wird davonkommen können. In solchen Fällen ist es sicher, dass der Zellenstaat sich zur Erhaltung und Schonung seines animalischen Lebens zur Wehre setzt und sich nicht gutwillig unterwirft. Wenn aber die Psyche in diesem Streite siegt, dann bringt sie eben die heroische Tat hervor.

Abgesehen von solchen Extremfällen, kommt es aber auch im täglichen Leben ständig zu kleinen Differenzen zwischen dem Tier und dem Menschen in uns, denn nicht immer, vielmehr selten, stimmen die beiderseitigen Wünsche überein.

Suchen wir nun nach dem Standpunkt unserer Theorie die dabei auftretenden Probleme zu lösen, so müssen wir wieder sagen, dass letzten Endes alles auf eine Art Kampfstellung zwischen den der

Tierseele zugeordneten psychischen Bewegungsgrößen und denen der Menschenseele hinausläuft, wobei der Kampfzustand manchmal gar nicht, manchmal weniger oder mehr gespannt ist, während sich in den extremsten Fällen Tier- und Menschenseele förmliche Entscheidungsschlachten liefern.

Wir können uns also jetzt den Akt der Suggestion, resp. Autosuggestion derartig vorstellen: Auf dass nicht dasjenige wahrgenommen werde, was die Augen der suggerierten Person eigentlich „sehen" müssten, ist es notwendig, dass die durch den Sehnerven im Gehirn einlangenden Wellen entweder durch gleich kräftige oder entgegen gerichtete psychische Oszillationen zur Nullinterferenz gebracht werden, oder aber, dass sie durch eine andere Kontaktverbindung sozusagen auf ein Nebengeleise geschoben werden, jedenfalls also nicht in den zutreffenden Gehirnzellen in normaler Weise anlangen und dort also nicht durch Schwingungserregung der Gehirnmolekeln in der psychischen Komponente zum Bewusstsein gelangen. Anderseits aber muss zugleich durch psychophysische Wellen in den Gehirnzentren diejenige Oszillation hervorgerufen werden, welche wieder aufgenommen im Bewusstsein dasjenige Bild hervorruft, welches vom Suggesteur gewünscht wurde.

Dabei ist es offenbar gleichgültig, von wem aus dies durch die psychophysischen Wellen bewirkt wurde. Ist der Erreger außerhalb der Person des so Suggerierten, so muss natürlich eine Übertragung des von diesem ausgehenden Willensakte auf dem Wege der psychophysischen Fernstrahlung vor sich gegangen sein, die, vom Antennenorgan des Empfängers aufgenommen, zuerst die Lahmlegung des tierisch automatischen Wahrnehmungskreislaufes im Unterbewusstsein bewirkt, und dann durch die gewollte Schwingungserregung der Gehirnmolekeln die Hervorbringung des gewissen Bildes bedingt. Ist aber Suggesteur und Suggerierter ein und dieselbe Person, findet also Autosuggestion statt, so ist es die eigene Psyche, welche den zellenstaatlichen, automatischen Wahrnehmungskreislauf (das automatische Sehen bei offenen Augen) lahmlegt und durch psychische Bewegungsimpulse auf die Gehirnelementchen jene Schwingungen hervorruft, die ins Bewusstsein rücktransformiert als jenes Bild zur Wahrnehmung gelangen, welches gewollt war.

Die Tatsache der Autosuggestion lässt sich so sehr einfach erklären, wenn wir allerdings diese Trennung unseres Gesamtdaseins in einen tierischen und einen eigentlich menschlichen Komplex vornehmen, eine Zerlegung, die sich übrigens nur folgerichtig aus unserer Theorie ergibt und auch sonst längst plausibel gewesen ist. Schwieriger wäre es, sich dieselbe ohne diese vorzustellen, denn dann müsste ein und dasselbe Ich mit sich selbst eigentlich eine Art Komödie spielen. Unmöglich wäre das aber deswegen noch nicht. Wir haben daher vorgezogen, die Erklärung unter Anwendung der Trennung zu geben, weil dann sehr durchsichtig wird, dass wir uns selbst gleichsam als eine zweite Person gegenübertreten können.

HYPNOSE.

Unter der Hypnose versteht man gewöhnlich den Zustand des künstlichen Zwangsschlafes, der durch die Kraft eines Hypnotiseurs über das Medium verhängt wird. — Wir möchten nicht versäumen, zu bemerken, dass eigentlich nur der Schlafzustand, der mehr oder weniger tief sein kann, die Hypnose vorstellt, nicht aber die Tätigkeit, welche auf Befehl des Hypnotiseurs vom Medium ausgeübt wird. Die Hervorrufung dieser selben ist vielmehr auf reine Suggestion zurückzuführen und handelt es sich bei solchen Experimenten um Schlafsuggestionen, das heißt Willensübertragungen, welche im Zustande äußeren Schlafes der Versuchsperson stattfinden.

Gegenstand unserer Erklärung unter diesem Titel kann daher nur die Herbeiführung des künstlichen Schlafzustandes sein.

Hier wird es sich wieder als sehr zweckdienlich erweisen, auf den Zellenstaat als das tierische Prinzip in uns und auf das Ich, als das Geistige zurückzugreifen und eine vergleichende Studie in der Beantwortung der Frage zu machen: wie denn die Natur selbst den gewöhnlichen Schlaf herbeiführt. Es kann ja keinen Augenblick lang zweifelhaft sein, dass sie sich im Grunde derselben Mittel wird bedienen müssen,

Früher hat man mehrfach auf die Frage, wie das Einschlafen zustande komme, die Antwort gegeben, dass durch die allgemeine Ermüdung des Körpers allmählich die Reizschwellen für alle Sinne hinaufgesetzt werden, wobei gleichzeitig bei denjenigen Sinnen, bei

welchen dies anatomisch möglich ist wie bei den Augen, die Organe
— durch Schließung der Augenlider — überhaupt zur Funktions-
einstellung gezwungen worden, sodass die im Gehirne ins Bewusstsein zu transformierenden Wahrnehmungen immer schwächer und
weniger zahlreich werden, bis schließlich durch diesen Mangel an
Erregung die Gehirnzellen selbst ihre Tätigkeit mehr und mehr ein-
schränken und endlich eine allgemeine Betriebseinstellung aller derjenigen Abteilungen erfolgt, die zur Forterhaltung des Lebens nicht
unmittelbar notwendig sind. — Uns kann diese Erklärung, wenigstens die Art. wie sie sich ausdrückt, nicht ganz genügen, denn, wenn
sie auch dem Sinne und Gange der Erscheinung des Einschlafens
nach gewiss zutrifft, so macht sie doch wieder innerlich neue Fragen
notwendig, z. B. die, was es denn heißen soll: Die Reizschwelle hin-
aufsetzen?

Es ist von unserem Standpunkt aus begreiflich, dass alle früheren Antworten auf solche Fragen nie wirklich auf den Grund gehen
konnten, solange die metaphysische Fundierung und Erklärung des
Nexus zwischen Physis und Psyche nicht gegeben war. Wir müssen
uns also jetzt das Einschlafen etwa folgendermaßen zurechtlegen.

Die tierische Seele in uns, welche normal den Zellenstaat
beherrscht und deren ganze Tätigkeit auf die Erhaltung des Individuums und der Art hingeordnet ist, erlangt durch das Nervensystem die
Kunde, dass im Zellenstaate draußen bereits jene chemischen Verbindungen in Ausscheidung begriffen sind, welche immer dann entstehen, wenn die körperliche Tätigung , der Organe zu lange oder zu
heftig gewesen ist, das heißt, dass Ermüdung eingetreten ist, was sich
nach den neuesten Forschungen der Medizin rein chemisch durch das
Vorhandensein von besonderen ausgeschiedenen Substanzen nachweisen lässt. Natürlich sind diese Ausscheidungen nicht „die Ermüdung selbst", sondern Folgen dieser, aber sie sind es, welche durch
ihre chemische Aktion jene nervischen Ströme erzeugen, welche von
der Tierseele in uns als Ermüdung empfunden werden. Die Zellen-
staatseele in. uns ist also verständigt, dass im Körper draußen ein
Zustand überhandzunehmen beginnt, der, wenn er sich so weiter fort
ungehemmt entwickeln könnte, den Tod des Individuums herbeifüh-
ren müsste. Um diesen zu verhindern, gilt es nun, Vorkehrungen zu
treffen, dass die schädliche äußere Tätigkeit des Körpers einge-
schränkt oder ganz aufgehoben werde, und sei es — sogar gegen den

Willen der Psyche!!, die vielleicht ohne Rücksicht auf Wohl und Wehe des Körpers noch weitere Arbeitsleistungen aus diesen herausholen will.

Vom Standpunkt der Tierseele aus gilt es also, der Psyche selbst die Oberherrschaft über den Körper zu entziehen. Da die Tätigkeit der Psyche, insofern sie auf die Erreichung eines Zieles in der Welt der Erscheinungen hingeordnet ist, darauf angewiesen ist, durch die Sinne vom Fortgang dieser Tätigkeit in jedem Augenblicke Kenntnis zu nehmen, so wird der erste Angriff des tierischen Prinzips in uns gegen die Psyche darin bestehen, letzterer den Nachrichtendienst der Sinnesorgane abzuschneiden. Dies wird dadurch erreicht, dass die Sinnesorgane außer Betrieb gesetzt werden. Die Zellstaatseele setzt also im Gehirne jene psychischen Bewegungsgrößen, welche als Folgen die Schließung der Augen z. B. bewirken. Sie schaltet in die Leitungsbahnen der Nerven allmählich größere Widerstände ein (wie in einen elektrischen Stromkreis), sodass immer weniger im Verhältnis zum Reiz im Gehirn ankommt und dies ist der Sinn der Hinaufsetzung der Reizschwellen.

Durch dieses allmähliche Versagen der „haustelefonischen Leitungen" im Körper ist natürlich die Psyche in der Fortführung ihres Willens in Bezug auf die Außenwelt mehr und mehr gestört, umso mehr, wenn auch in die motorischen Nervenbahnen starke Hemmungen eingeschaltet werden. Wir sagen dann: Der Arm will sich nicht mehr bewegen, weil er müde ist, trotzdem wir möchten, dass er sich weiter bewege.

So wird von der Tierseele in uns allmählich die Psyche kaltgestellt. Ja endlich erreicht diese Wirkung einen solchen Grad, dass die normale eindeutige Zuordnung aufzuhören scheint. Wir bemerken dann, dass uns die Gedanken schon durcheinanderkommen und sich — wenn wir sehr müde sind, auch wenn wir wollen —, nicht mehr auf eine bestimmte Sache hinordnen lassen. Dieser Zustand pflegt dem eigentlichen Einschlafen unmittelbar vorherzugehen. Er ist es, der es der Psyche vollkommen unmöglich macht, ihr Instrument, das Gehirn, richtig und eindeutig zu gebrauchen und sie infolgedessen zwingt, von allen Wirkungen und Tätigungen in der Außenwelt vollkommen Abstand zu nehmen. Die Psyche, unfähig in ihrem sonstigen Sitz, dem Großhirn zu „amtieren", verlässt dann gleichsam das Büro. Damit ist der Zustand des tiefen Schlafes erreicht.

Man könnte auch dieser Erklärung noch vorwerfen, dass sie nicht auf den Grund gehe. Wir haben aber gemeint, schon derartig viel von der psychischen und physischen Bewegung gesprochen zu haben, dass wir nicht jedes mal eigens hinzuzufügen brauchten, dass alles dieses, was wir hier gesagt haben, also etwa auch das Einschalten der Widerstände in die Nervenbahnen, welche das Heben der Reizschwellen bewirken, selbstverständlich durch die tierisch-psychische Einwirkung auf die physischen Schwingungszustände hervorgebracht wird. Wir haben ja oben schon gesagt, dass jede psychische Einwirkung auf die Physis nicht anders, als nur so überhaupt gedacht werden kann. An dieser Stelle zwecks vollkommener Deutlichkeit, zu erwähnen, bezw. zu definieren, wäre vielleicht nur noch: In den Schlaf eintreten heißt, dass die tierisch-psychischen Bewegungen die Oberherrschaft über die physischen Bewegungszustände in der Weise an sich gerissen haben, dass sie die menschenpsychischen Bewegungsimpulse paralysiert und dadurch die Tätigkeit der Psyche im Körper verdrängt, also praktisch aufgehoben haben.

Nun kann es uns nicht mehr schwerfallen, auch den künstlichen Zwangsschlaf, die durch fremde Einwirkung, beim Medium hervorgerufene Hypnose zu erklären. Es handelt sich bei ihm im Grunde um vollkommen dieselben Vorgänge, nur dass es diesmal nicht der eigene Zellenstaat des Mediums' ist, welcher sich gegen dessen Psyche auflehnt und deren Tätigkeit kaltstellt, sondern dass es der Willensakt einer zweiten Person ist, der durch die Antennenstrahlung auf das Medium übergegangen, der Reihe nach dieselben innerkörperlichen Vorgänge hervorruft und so auch die äußerliche Erscheinung des Schlafes hervorbringt.

Bei der praktischen Hervorrufung hat der Hypnotiseur selbstverständlich unter verschiedenen äußeren, vorbereitenden Mitteln die Wahl. Das Anstarrenlassen von Gegenständen und dergleichen sind aber immer nur Akzidenzien. Das eigentliche Moment wird immer darin liegen, Besitz von jenem Zentrum zu ergreifen, in welchem sonst die Tierseele des Menschen haust und von dort aus in der oben genau auseinandergelegten Weise die Einschläferung des Körpers zu bewirken.

DAS SIDERISCHE PENDEL.

Unter ihm meint man ein mathematisches Pendel, welches aus einem an ein Haar geknüpften Goldringe besteht und das von einer pendelfähigen Person mit der Hand gehalten wird. Die Reaktionen des Pendels sind in Händen verschiedener Personen, auch bei sonst gleicher vorliegender Aufgabe wohl verschieden, bei derselben Person aber eindeutig bestimmt, woher auch die Verwendbarkeit des Pendels sich allein ergibt. Sie bestehen hauptsächlich in folgendem: Über die Hand eines Mannes gehalten, schwingt der Ring als Kegelpendel einen Kreis, über die Hand einer Frau gehalten dagegen eine Ellipse, die mehr oder weniger schmal sein kann. Auch über Metallen und sonstigen verschiedenen Körpern treten gewisse, uns hier weniger interessierende Schwingungen auf. Das auffälligste aber ist, dass das siderische Pendel auch über Fotografien von Personen in der nämlichen Weise reagiert, das heißt Kreise bei männlichen, Ellipsen bei weiblichen Bildern ausschwingt, aber nur dann, wenn die abgebildeten Personen auch noch zur Zeit des Versuches leben, dagegen das Pendel stehen bleibt, wenn die dargestellten Personen inzwischen schon gestorben sind. Das Pendel ist also ein Instrument, mit welchen sich mit Sicherheit nachweisen lässt, ob eine photographierte Person noch lebt oder schon gestorben ist, was in vielen Fällen unser begreifliches Interesse erregt. Zwar ist diese Fähigkeit des siderischen Pendels von seinen Gegnern natürlich angezweifelt worden, aber, wie wenigstens dem Verfasser (auch abgesehen von irgendwelchen Versuchen) scheint, hauptsächlich deshalb, weil bisher eine wirkliche Erklärung für diese freilich sehr rätselhaft anmutenden Erscheinungen gefehlt hat.

Für uns handelt es sich zunächst nicht so sehr um die Frage, wie das siderische Pendel durch eine Fotografie in so ganz charakteristische Schwingungen versetzt werden kann (denn, wenn das Bild eine Strahlungsform, etwa Wellen aussendet, so ist dies sofort erklärbar), sondern vielmehr darum: wie ist es vorstellbar, dass in einer Fotografie solche Strahlen überhaupt ihren Ursprung haben können?

Hier vermag wieder nur unsere metaphysisch fundierte Lehre über den Nexus von Physis und Psyche und von der psychophysischen Welle eine wirklich plausible Antwort zu geben.

Zweifellos ist jeder Mensch, wenn wir ihn in einem gewissen, gedachten Augenblicke betrachten, dasjenige, was er geworden ist — heraus aus einem früheren, vom jetzigen verschiedenen Zustand. Es ist daher eine völlig denkgesetzliche Konklusion, dass dies sowohl auch von seiner Physis an sich, als seiner Psyche an sich, und auch von ihrem Nexus behauptet werden kann. Wir kommen also zu der Anschauung, dass jeder Mensch, in jedem beliebigen Augenblicke betrachtet, sozusagen seine ganz frühere Entwicklung latent in sich trägt und es ist nur logisch, dass jeder Mensch in jedem Augenblicke in jeder einzelnen Manifestation dieses erworbene Wesen zur Schau trägt. Aus dieser Quelle schöpfen daher alle jene Wissenschaften ihre Grundlage, welche aus irgend einer speziellen Manifestation Schlüsse auf den Charakter eines Menschen zu ziehen sich anmaßen Uns ist es dabei von vornherein klar, dass unter allen möglichen diejenigen Manifestationen dazu die geeignetsten sein werden, welche an sich körperlich die größte Variabilität zulassen, weil wir ja schon oben ein gesehen haben, dass der Grad der geistigen Entfaltungen nicht reichhaltiger sein kann, als die technisch mögliche Mannigfaltigkeit der Variationen. Nachdem nun das äußere Aussehen eines Menschen eine überaus reichhaltige Veränderungsmöglichkeit im Vergleiche zum Normaltypus vorstellt, so erkennen wir es als ganz berechtigt an, wenn die Wissenschaft der Physiognomie entstanden ist und Hoffnung baut, aus dem äußeren Aussehen eines Menschen sehr zutreffende Schlüsse über seinen Charakter und auch sein ganzes Vorleben ziehen zu. können, aus welchen durch Kausalkonklusionen wieder in die Zukunft greifende Schlussfolgerungen gezogen werden können. Ebenso, wenn etwa die Chiromantie dasselbe tut. Prinzipiell müsste sich das ganze Innenleben eines Menschen ebenso gut von seiner Nasenspitze ablesen lassen, allein die menschliche Hand ist zweifellos ein Glied, das durch seine viel mannigfacheren Beziehungen zu den menschlichen Tätigkeiten und durch seine viel größere Bildungsmannigfaltigkeit ein freilich ganz hervorragendes Instrument zur Agnoszierung des Innenlebens und Vorlebens des Menschen abgeben muss.

Wir wollen hier nicht weiter auf die genannten Spezialgebiete uns verbreiten , sondern diese Überlegungen nur deshalb angestellt haben, um einzusehen, dass ein Mensch, indem dass er jetzt gerade so und nicht anders äußerlich und innerlich beschaffen ist, dies geworden ist, weil er eben seine und nicht eine andere Vorveranlagung gehabt und gerade den seinigen und keinen anderen Lebensweg zurückgelegt hat, dass es also recht gut denkbar und vorstellbar ist, dass in jedem Menschen sein ganzes früheres Leben drinsteckt.

Diese Anschauung würde aber noch nicht genügen, um das Phänomen des siderischen Pendels vollkommen aufzuklären. Dazu müssen wir noch einen zweiten Umweg einschlagen.

Wir wissen bereits, dass im menschlichen Körper immerdar in den Nervenbahnen die psychophysischen Ströme kreisen und auch, dass der Mensch nur dadurch, dass er sich ihrer Hilfe bedient, in der Außenwelt überhaupt etwas bewirken kann. Es ist daher durchaus nicht unseren bisherigen Überlegungen widersprechend anzunehmen , dass durch jede solche Wirkung in die Außenwelt, auch ein Teil unserer Psyche eben dadurch, dass sie eingreifend in den natürlichen Kausalnexus der Abwicklung der Naturdinge gewirkt hat, sozusagen in diese Außendinge eingeflossen ist. Wir können folgerichtig behaupten, dass nicht nur in unsere Handschrift ein Teil von unserem Selbst einfließt, sondern dass eigentlich an allem und jedem, was wir überhaupt anfassen, von uns ein Weniges haften bleibt. Diese gedankliche Überlegung lässt sich leicht durch ein zwar etwas grobes, aber immerhin analoges Beispiel recht gut auch vorstellbar machen.

Es ist bekannt, dass etwa ein Jagdhund die Spur seines Herrn zu finden weiß, dass er, wenn man ihm irgend einen Gegenstand, den sein Herr häufig berührt hat, vorlegt, sofort erkennt, ob dieser Gegenstand auch wirklich seinem Herrn zugehörte. Man schreibt diese Fähigkeit dem ganz besonders fein entwickelten Geruchssinne des Hundes zu. Gewiss wollen auch wir in diesem Punkte nichts anderes behaupten. Es handelt sich für uns aber viel weniger darum, dass der Hund tatsächlich die Fähigkeit besitzt und dass sein Geruchssinn soviel mal ausgebildeter ist, als der beim Menschen, sondern um die Tatsache, dass der Herr des Hundes alle Gegenstände, mit welchen er oft umgeht, mit einem ganz speziellen, nur ihm eigenen Geruch influiert. Für uns wichtig ist nur der Analogieschluss: Wenn dieses in einem Betrachte geschieht, welcher mittels eines der groben äußeren Sinne (Geruchssinn) nachweisbar ist, warum soll eine analoge Penetration in einem höheren psychischen Charakter nicht auch möglich sein?

Gewiss, sie muss sogar prinzipiell ebenso möglich sein und sie wird verständlich und vorstellbar, wenn wir einmal auf dem Boden der psychophysischen Welle stehen. Es ist sogar jetzt sehr einleuchtend, dass eine solche Durchdringung alles dessen, was wir berühren, mit unserer individuellen psychophysischen Manifestation stattfindet. Nur dadurch, dass sich bisher nicht so aufdringlich, wie durch die Fähigkeit der Hundsnase in Bezug auf die Geruchswahrnehmung, die zugehörige Reaktion verraten hat, war es möglich, sie in ihrer Tatsächlichkeit bislang zumeist zu übersehen, und wenn sie ja beobachtet wurde, an ihr zu zweifeln.

Wir müssen uns also jetzt auf den Standpunkt stellen, dass jeder Gegenstand, der in Berührung mit einem Menschen gekommen ist, von diesem psychisch influiert, sozusagen „geladen wird" und dass diese psychophysische Durchdringung ganz charakteristisch für das betreffende Individuum ist, wodurch sich umgekehrt ergibt, dass für denjenigen, der eine hinreichend feine „geistige" Nase hätte, diese in den Körpern haftenden Influitionen wahrzunehmen, jedenfalls aufgrund des „geistigen Geruches" sofort erkennbar wäre, von wem der Gegenstand berührt worden ist, ja, wenn wir die Schärfe dieser Nase als sehr groß annehmen, auch Näheres über den Charakter dieser Person aussagen könnte.

Dabei werden wir uns freilich wieder bewusst bleiben müssen, dass die Mannigfaltigkeit der Qualitäten der Durchdringung davon abhängen wird, wie groß die Mannigfaltigkeit der Influition gewesen ist, und auch inwieweit die materielle Kompliziertheit des Gegenstandes die Aufnahme derselben zugelassen hat.

Es wird also unter sonstigen Möglichkeiten eine Berührung eines Gegenstandes mit der Hand vorzuziehen sein, weil gerade die menschliche Hand ein überaus fein differenziertes Organ ist, durch welches eine recht große Mannigfaltigkeit der psychischen Manifestation auf den vom unberührten Gegenstand überzugehen vermag, anderseits wird unter allen Gegenständen wieder ein solcher zur Aufnahme der reichsten Entfaltungen der psychischen Momente geeignet sein, der als rein materieller Komplex die feinst mögliche Modifikation zulässt. Wir sehen also, dass eine Fotografie eines Menschen unter allen anderen materiellen Komplexen weitaus den Vorzug wird verdienen müssen, denn sie ist ja das getreueste materielle Konterfei, welches wir uns überhaupt denken können. Dadurch, dass das optisch erzeugte Lichtbild die Fähigkeit besitzt, bis in die denkbarst feinsten Details das äußerliche Aussehen der fotografierten Person wiederzugeben und also alle jene milliardenfachen Variationen präzisest zur Darstellung zu bringen, welche in jedem einzelnen Individuum im Vergleich zum Normaltypus Mensch vorkommen, muss die naturnotwendig auch die Fähigkeit besitzen, eine eventuelle psychische Influition, wenn es eine solche überhaupt gibt, in einer geradezu einzigartigen Weise in sich aufzunehmen. So wie die Fotografie allein unter allen sonstigen Abbildungsmethoden , etwa Zeichnungen oder Malereien, den Vorzug der „absoluten Naturtreue" besitzt und es nur in ihr möglich ist, das wirklich individuelle Aussehen einer Person objektiv zur Darstellung zu bringen, so muss sie auch, wenn sie Träger eines inneren psychischen Bildes sein könnte, allein fähig sein, auch dieses Bild in seiner größten Feinheit in sich zu tragen.

Diese Möglichkeit, dass die Fotografie eines Menschen den materiellen Träger für ein inneres, psychisches Konterfei bilde, kann von uns nicht länger in Zweifel gezogen werden, wenn wir uns überhaupt der Existenz einer psychophysischen Welle zu bekennen.

Wir brauchen uns jetzt nur vorzustellen, dass ebenso wie die zu fotografierende Person vermittels der Fotokamera durch Reflexion der von außen auf sie treffenden Lichtstrahlen ein charakteristisches Abbild ihrer selbst auf der „lichtempfindlichen Platte" erzeugt, sie durch die Aussendung der psychophysischen Wellen, die auch nur rein physikalische Wellenvorgänge sind, die ebenfalls den Brechungsgesetzen unterliegen, durch dieselben Linsen auf der Fotoplatte auch ein inneres, unsichtbares, psycho-physisches Bildnis hervorbringt. Wir können also, noch ohne uns auf den experimentellen Nachweis zu stützen, schon vom Standpunkt unserer Lehre rein deduktiv sagen, dass uns das Zustandekommen eines zweiten, inneren, gleichsam hinter dem photographischen Bilde gelegenen Konterfeis prinzipiell möglich und einleuchtend erscheinen muss. Dadurch kommen wir zunächst zu der Anschauung, dass insbesondere eine fotografische Platte und auch die von ihr wieder abgezogenen Kopien, außer grobsinnlich wahrnehmbaren Darstellungen des Originals, auch gleichsam übersinnlich feine Bilder des Aufgenommenen sind, in welchen „ein Stück von der Psyche" desselben drinsteckt

Wir wissen aber wieder schon seit Langem, dass dieses „Darinnenstecken" nicht anders aufgefasst werden kann, als dass auch in der Fotokopie außer dem durch die physikalische Temperatur gegebenen Schwingungszustand der kleinsten Teilchen, auch noch ein psychischer Bewegungszustand vorhanden ist. Daraus aber ergibt sich wiederum mit Notwendigkeit, dass die eingelagerten psychischen Schwingungen in einer Fotografie, ebenso wie die physischen das „sichtbare Bild" durch die Art erzeugen, wie sie die auftreffenden Lichtstrahlen reflektieren, auch ihrerseits Einfluss auf die Reflexionen auftreffender äußerer Strahlungsarten nehmen und insbesondere als Erreger selbst ihre zugehörigen psychophysischen Wellen emittieren.

Wir sind also bereits bis jetzt dazu gekommen, einzusehen, dass in einer Fotografie noch ein psychisches Konterfei der Person steckt und dass dieses in einem psychischen Bewegungszustand der kleinsten materiellen Teilchen besteht, die durch ihre solchartig besonderen Schwingungszustände Erreger von Wellenzügen sind, die von dem Bilde ausgesendet werden. Es wäre sonach schon jetzt verständlich, dass diese Wellen ähnlich wie die Lichtwellen durch den „Lichtdruck" sich auch physikalisch bemerkbar machen und ein Pendel in Bewegung versetzen können. Es wäre auch verständlich, dass die Wellenstöße eine Art Polarisation aufweisen, wodurch als Effekt beim Manne kreisförmige, beim Weibe elliptische Pendelbewegungen Zustandekommen könnten. Dagegen ist es bisher noch nicht einzusehen, wieso Bilder von inzwischen Verstorbenen nicht mehr aktiv sind, sondern sich so verhalten, als ob sie mit der Person selbst zugleich gestorben wären.

Auch hierfür lässt sich von unserem Standpunkt aus eine konsequente Erklärung geben. Wir brauchen nur folgenden Gedankengang zu pflegen. Wenn tatsächlich alles, was wir berühren, in Sonderheit eine Fotografie, welche eine ganz hervorragende Stelle unter allen anderen Dingen einnimmt, weil sie allein in sonst unerreichter Weise die Fähigkeit besitzt diese Influition in ihren feinsten, für jede Person charakteristischen Entfaltungen in sich aufzunehmen, von unserer Psyche etwas annimmt, so lässt sieh dies auch so auffassen, als ob unsere Psyche von ihrer Daseinsform (welche analog der Energie der Physik aufgefasst werden kann), an diese Gegenstände abgegeben oder sich verausgabt hätte. Wir würden also dadurch, dass wir Gegenstände in der Umwelt berühren, ebenso, wie wir physische Kraft verbrauchen müssen, um dies zu tun, auch psychische Kraft verbrauchen. Es ist also die Vorstellung durchaus zulässig, dass unsere Psyche zwar wohl hauptsächlich von unserem speziellen Menschenkörper Besitz ergriffen hat, dass sie aber in einem Abglanz ihrer vollen Potenz auch in allen den anderen Gegenständen gegenwärtig ist, welche jemals mit uns in Beziehung gekommen sind. Wenn wir dies aber einmal zugeben, dann fällt uns die Erklärung des rätselhaften Verhaltens der „mitsterbenden Fotografien" sofort von selbst in den Schoss, denn, dann ist es klar, dass die Seele, wenn sie sich aus unserem Leibe, der ihr eigentliches Haus war, zurückzieht, sie sich im gleichen Momente auch von allen denjenigen sonstigen Körpern zurücknehmen müsse, welche sie seinerzeit mit einem Teilchen von ihrer Potenz durchdrungen hat. Ja, es wäre geradezu absurd zu denken, dass die Seele in einem solchen Gegenstand, den sie doch nur recht unwesentlich influiert hat, länger verbleiben solle, als in ihrem menschlichen Körper, der ihr eigentlichstes Heim war. Wir müssen mit Notwendigkeit verlangen, dass die Seele sich im Momente des Todes, wo sie sich von dem Nexus mit der physischen Welt befreit, sich nicht nur dort befreie. wo dieses Band freilich das weitaus stärkste und innigste war, nämlich im Leibe des Menschen, sondern dass sie diese Befreiung auch allüberall da vollziehe, wo sie jemals einen. wenn auch noch so schwachen Nexus eingegangen ist.

Wir müssen also verlangen, dass auch alle jene Teile der Psyche im Tode zurückgezogen werden, welche sie Zeit unseres Lebens in die Körper, welche wir berührten, ausfließen ließ. Wir müssen verlangen, dass alle diese Gegenstände mit uns sterben.

Da aber unter allen solchen Gegenständen die Fotografie, wie wir eben kennenlernten, einen ganz besonders hohen Rang einnimmt, sodass uns eigentlich nur in ihr die psychophysische Durchdringung außer in uns selbst in einer merklichen Stärke entgegentritt, so ist es jetzt sehr einleuchtend, dass auch gerade bei ihr uns das Mitsterben dadurch beobachtbar werden wird, weil durch dieses Absterben im Bild die psychophysischen Reaktionen (siderisches Pendel) aufhören müssen. Gewiss sterben auch alle anderen Gegenstände, welche wir berührten, mit uns, das heißt, es wird aus ihnen unsere psychische Infiltration zurückgezogen, aber weil deren Anwesenheit so schwach war. Dass sie keine merklichen Wirkungen zeigte, kann uns auch ihr Fortweichen sich nicht uns wahrnehmbar verraten.

Wir glauben durch diese Ableitungen das Verhalten des siderischen Pendels über Fotografien Lebender und Toter, männlichen und weiblichen Geschlechtes, hinreichend erklärt zu haben. Nur einer kurzen Erwähnung bedarf die Auslegung der Erscheinungen, welche durch verschiedene anorganische Stoffe (z. B. Metalle) hervorgerufen werden. Dass auch solche Stoffe pendelwirksam sein können, ist nicht nur durch Experimente bewiesen (auf welche wir jetzt überhaupt keine Rücksicht nehmen würden), sondern auch von unserem logischen Standpunkt aus leicht einzusehen. Dadurch, dass wir immerdar die psychophysische Wellenart. insofern sie Welle ist, als einen rein physischen Vorgang und nur insofern sie ein besonderer Träger psychischer Potenz ist, als psychisch angesprochen haben, hat sich schon damals ergeben, dass die Emission ganz gleichgearteter Wellenzüge auch der unbelebten Materie eigen sein kann. Es hindert uns also nichts, anzunehmen, dass alle oder manche Stoffe auch solche Wellen, zumindest bei Zutreffen gewisser Umstände, aussenden. Es ist ganz plausibel, dass diese mit unseren gewöhnlichen Sinnen nicht wahrnehmbaren Strahlungen, dann verhältnismäßig stärker auftreten und eher sich durch Reaktionen verraten können, wenn größere Mengen eines besonderen Stoffes (z. B. Metalllager unter der Erde etc.) an einer Stelle beisammen sind, wodurch der Unterschied einer charakteristischen Wellenart gegen die allgemeine Emanation aller Stoffe, die für gewöhnlich durcheinander diffus stattfindet, bemerkbarer wird. Es ist also von uns durchaus zu erwarten, dass das siderische Pendel in der Hand einer überhaupt „pendelfähigen Person" auch auf verschiedene Stoffe eindeutig reagieren wird, und dass infolgedessen aus diesen Reaktionen auf das Vorhandensein solcher Stoffe zurückgeschlossen werden kann.

Damit sind wir gleichzeitig an der Stelle angelangt, welche die Überleitung zu einem zweiten Instrument darbietet, welches in den letzten Betrachtungen Besseres leistet als das siderische Pendel.

DIE WÜNSCHELRUTE

Unter ihr versteht man gabelartige, schlingenförmige oder spiralige Ruten aus Holz, Metallen oder anderen Stoffen, welche in bestimmter Weise von hierzu geeigneten Personen, sogenannten Rutengängern gehalten, durch ihren „Ausschlag" diesen die Anwesenheit verschiedener Stoffe auf eine den äußeren Sinnen nicht zukommende Art verraten. Mittels der Wünschelrute ist es möglich, auf Wasser, Metalle, Öle, Salze, Kohle, kurz so ziemlich auf alle Stoffe, die, in besonderen größeren Lagern konzentriert, unter der Erde vorkommen und sich wesentlich von ihrer Nachbarschaft in Bezug auf stofflichen Charakter unterscheiden oder abheben, zu fahnden und deren Anwesenheit durch besondere Ausschlagsweisen nach Menge, Art und vermutlicher Tiefe zu erschließen Aber auch auf den Menschen angewendet, lassen sich Wirkungen konstatieren und es ist z. B. möglich, mithilfe der Wünschelrute herauszubringen, welche unter vielen Hundert Personen einen gewissen Gegenstand etwa in der Hand gehabt hat, indem die Wünschelrute die Emanation dieses Gegenstandes aufnimmt und dann durch Vergleichung mit den Emanationen der Anwesenden den „Eigentümer dieser charakteristischen Emission" herauszufinden gestattet.

Die Erklärung der Wünschelrutenphänomene kann uns nicht lange aufhalten, da sich doch aus deren Beschreibung selbst ergibt, dass wir es mit Vorgängen zu tun haben, welche den Erscheinungen am siderischen Pendel sehr nahe verwandt sind und nur in gewisser Hinsicht eine Besonderheit vorstellen, dem Wesen nach aber auf eins hinauskommen. Wir können also etwa sagen, dass sich Wünschelrute und siderisches Pendel wie ein Operngucker und ein Fernrohr gegenüberstehen, die beide nach denselben optischen Prinzipien konstruiert sind, aber in der Praxis für verschiedene Anwendungsgebiete sich speziell geeignet erweisen. Für uns ist also auch die Wünschelrute nichts anderes, als ein Instrument, welches die Wahrnehmung der besonderen Wellengattung, die wir psychophysische geheißen haben, erleichtert, indem sie in der Hand einer fähigen Person sichtbare Bewegungen vollführt. ebenso wie dies das siderische Pendel auch auf seine Weise getan hat. Dass es mit ihr möglich ist, Aufgaben zu lösen, welche mit dem Pendel nicht durchführbar sind, liegt in ihrer natürlichen Eigenart, ebenso wie es mittels des Fernrohres möglich ist, Dinge zu erkennen, welche der Operngucker nicht 'mehr zeigt. Im Ganzen können wir sagen, dass die Wünschelrute mehr als das siderische Pendel jener feinen „geistigen Nase" nahekommt, von der wir schon oben gesprochen haben und durch welche. es möglich ist, die Emanationen der Körper aufzusaugen und nach ihren Verschiedenheiten zu beurteilen, wie etwa der Hund durch sein hoch entwickeltes Geruchsorgan in der Lage ist, uns unwahrnehmbare Gerüche scharf differenziert zu erkennen und nach ihrer Zugehörigkeit zu beurteilen.

Wir können daher unsere diesmaligen Erklärungen damit beschließen, dass wir sagen, dass Wünschelrute und siderisches Pendel nahezu in derselben Weise auf der Existenz der psychophysischen Welle beruhen und sich nur im äußeren Betrachten unterscheiden.

PSYCHOGRAPHOLOGIE.

Wir haben es vermieden, die reine Graphologie überhaupt besonders zu behandeln, weil nach unserer Absicht alle diejenigen „Graphologen", welche wirklich etwas leisten, in Wahrheit „Psychographologen" sind. Unter reiner Graphologie an sich versteht man die auf statistischer Forschung beruhende Wissenschaft vom Zusammenhang der äußeren Form einer Handschrift mit dem Charakter des Schreibers. Unter Psychographologie dagegen die Beurteilung einer Handschrift nicht insofern sie ein so öder anders zickzackiger Linienzug ist, sondern insofern sie dem Psychographologen durch ihre geheimnisvolle Zustrahlung einen Gesamteindruck von der Person des Schreibers macht.

Nach unserer Lehre von der psychophysischen Welle ist eine eindeutige und natürliche Erklärung für beide Arten der Graphologie gegeben. Wie wir schon weiter oben zur Genüge abgeleitet haben, ist es ganz selbstverständlich, dass sich in der Handschrift, als einem Liniengebilde, welches eine äußerst hohe Mannigfaltigkeit in feinsten Variationen gegen den Normaltypus zulässt, notwendig eine reiche Influition und Entfaltung der Psyche des Schreibers zeigt. Es ist also sicherlich die Handschrift schon rein als sichtbarer Linienzug eine sehr fein differenzierte Manifestation der Seele des Schreibers und dadurch die Möglichkeit gegeben, durch statistische Studien zu einem systematischen Zusammenhang zwischen Schriftform und Charakter des Schreibers zu gelangen, so dass nach diesem System wieder aus einer Schrift eines Unbekannten auf dessen Charakter zurückgeschlossen werden kann. Aber auch über diese einfache Graphologie hinaus brauchen wir nicht verlegen zu sein, wenn es Psychographologen gibt, welche eine Schrift, die sie gar nicht gesehen haben, sondern die man ihnen im verschlossenen Kuvert vorlegt, richtig zu beurteilen verstehen. Wir haben gleichfalls schon weiter oben den Grund zu der Anschauung gelegt, dass jede Handschrift nicht nur aus einigen Hundertsteln Gramm Tinte besteht, welche über ein Papier hingeschrieben ist, sondern dass aus der Feder des Sehreibers auch ein Quäntchen seiner Psyche in die Schriftzüge eingeflossen ist. Da die Bedingung großer rein physischer Variation in feinsten Details erfüllt ist, erlangt unser Satz von der äquivalent differenzierten psychischen Infiltration seine Geltung und wir können, wie oben bei der Fotografie sagen, dass unter vielen sonstigen Möglichkeiten insbesondere in der Handschrift wieder auf besondere Weise ein Zusammentreffen aller jener Umstände gegeben ist, welche eine sehr reich entfaltete Durchdringung mit psychischem Inhalte begünstigen. Ja, wie die Wünschelrute z. B. manche Vorzüge vor dem siderischen Pendel hat, so mag auch eine Handschrift im Vergleiche zu einer Fotografie sogar manche besonderen Vorteile bieten. Wenn also der gewiegte Psychographologe auch aus einer ihm verschlossen vorgelegten Handschrift sehr genaue Daten über den Schreiber anzugeben vermag, so braucht uns dies gar nicht zu wundern, denn wir wissen, dass die psychophysische Influition durch Arm und Hand ganz vorzüglich funktioniert und dass die Schrift selbst ein sehr geeignetes Gefäß zur Aufnahme der feinsten psychischen Details über den Schreiber ist. Es ist also durchaus zu verstehen, dass von einer Handschrift als einem Gebilde von relativ großer psychophysischer Kapazität recht heftige Strahlungen ausgehen, die von geeigneten Personen mittels der Antennenfähigkeit des Gehirns oder durch dessen besonderes Organ aufgenommen und auch wahrgenommen werden können.

FERN-HELLSEHEN.

Unter Hellsehen gemeinhin versteht man die Fähigkeit, ohne den Gebrauch der leiblichen Augen Wahrnehmungen zu machen, die ihrer ganzen Art nach auf ein Schauen, ähnlich wie es durch die Augen an und für sich möglich wäre, hinauslaufen. Unter dem Fern-Hellsehen speziell das Sehen von Vorgängen, die gleichzeitig an entfernten Orten stattfinden. Dabei werden in die Definition nach dem gewöhnlichen Gebrauche auch solche Wahrnehmungen von Fernvorgängen einbezogen, welche nicht gerade in einem bildmäßigen Erschauen, sondern in einem Bewusstwerden auf andere Weise bestehen.

Für das Hellsehen an und für sich ist eine weit ausholende Erläuterung nach unserem Standpunkt nicht nötig. Es ist nur zu klar, dass dann, wenn es eine psychophysische Wellenart gibt, von allen Vorgängen, genau so wie sie sich in Lichtwellen. tätigen, auch psychophysische Emissionen stattfinden. Und wiederum, wenn wir unserem Gehirn die prinzipielle Fähigkeit zur Aufnahme solcher Wellen zubilligen oder glauben, dass es durch ein besonderes Antennenorgan dazu befähigt sei, dann ist es genau so klar und vorstellbar, dass wir bei verbundenen leiblichen Augen die Vorgänge um uns „mit diesem Antennenauge" sehen können, als wir sie vorher auf optische Weise wahrgenommen haben. Wir können uns also alle Erscheinungen des Nah-Hellsehens auf ein Schauen in psychophysischem Lichte zurückgeführt denken, für dessen Aufnahme wir ein drittes Auge besitzen.

Dagegen ist es für die voll befriedigende Aufklärung der Fern-Hellseherei notwendig, wieder einer kleinen Überlegung zu pflegen. Zum Glücke haben wir freilich auch da wieder ein treffliches Gleichnis aus den modernsten Fortschritten der Physik zur Hand. Bekanntlich ist es bereits im Prinzip gelungen, einen Fernsehapparat zu konstruieren, das heißt eine Vorrichtung, mittels welcher es möglich ist, das, was eine Linse an einem entfernten Orte überblickt, in Gestalt eines elektrisch telegrafierten Bildes wieder sichtbar vor sich zu schauen. In ganz ähnlicher Weise können wir uns das Fern-Hellsehen gleichzeitig an sehr entfernten Orten stattfindender Vorgänge denken. Alle diese Vorgänge sind Bewegungszustände und senden als solche

Wellen aller Gattungen nach allen Seiten aus. Unter diesen Wellenarten auch diejenigen, welche von dem Antenneorgan aufgenommen und zur Wahrnehmung gebracht werden können. Es handelt sich also für die Vorstellung vom Fern-Hellsehen nur darum, anzunehmen, dass unser drittes Auge sozusagen auf diesen bestimmten fernen Punkt eingestellt werden kann (etwa so, wie man bei der drahtlosen Telegrafie, auf Eiffelturm oder Nauen „abstimmen kann") und dass unter allen anderen sonstigen gerade diejenigen psychophysischen Wellenzüge aufgenommen werden, welche von jenem Orte ausgesendet wurden. In der Praxis liegt der Fall meist noch viel plausibler, als im Allgemeinen nur solche Fernvorgänge auf hellseherische Weise wahrgenommen werden, wahrgenommen werden, welche in irgendeiner persönlich nahen Beziehung zum Wahrnehmenden stehen.

ELEVATION, TELEKINESE, MATERIALISATION DEMATERILISATION.

Mit der Nennung dieser vier Titel betreten wir nun einen neuen Bereich, der bisher für einen besonders schwierigen gehalten worden ist und auf welchem nicht nur die Erklärung der angeblich bereits einwandfrei erwiesenen Erscheinungen eine sehr dürftige gewesen ist, sondern auf welchem sogar die Erklärungsversuche nur sehr schütter unternommen worden sind. Es wird sich aber sehr bald zeigen, dass uns auch diese Phänomene nicht die geringsten Schwierigkeiten machen werden, ja, dass sie, wenn sie sich jemals wirklich einwandfrei ereignet haben, nur sehr Erwünschte Bestätigen dessen sein müssen, was wir mit absoluter Notwendigkeit aus unserem metaphysischem System als möglich abzuleiten gezwungen sind.

Unter der Elevation versteht man die Befreiung von der Schwerkraft, wodurch Gegenstände (auch die Person des Meisters selbst) gehoben und zum Schweben gebracht werden. Unter Telekinese hingegen den Fall, dass Gegenstände zugleich mit Elevationserscheinungen ohne jeden physischen Kontakt in Bewegung versetzt werden. Unter Materialisation endlich fasst man jene Phänomene zusammen, unter welchen sich reine Geister in ein den äußeren menschlichen Sinnen wahrnehmbares Kleid gehüllt haben sollen irgend einer persönlich nahen Beziehung zum Wahrnehmenden stehen, unter Dematerialisationen die umgekehrten Vorgänge, welche wirkliche Körper ihrer physikalischen Grundeigenschaften (z. B. der Undurchdringlichkeit) berauben oder Materialisationen wieder in das Nichts zerfließen lassen.

Ganz abgesehen von der Frage, ob solche Phänomene sich bisher wirklich jemals einwandfrei ereignet haben, sodass an ihnen als Tatsachen nicht mehr gezweifelt werden kann oder nicht, müssen wir von unserem rein philosophisch deduktiven Standpunkt aus sagen, dass die Möglichkeit zu allen diesen vier Erscheinungsgruppen tatsächlich gegeben ist.

Die Elevation, resp. Telekinese ist durch die These der psychophysischen Welle selbst schon erklärt. In dem Momente, wo wir zugeben, dass in uns selbst in der geheimnisvollen Nexion zwischen unserer Psyche und Physis tagtäglich das Wunder geleistet wird", dass psychische Zustände (welche wir psychische Bewegung genannt haben), auf die Physis Wirkung üben, müssen wir auch die prinzipielle Möglichkeit zugeben, dass ebensolche Einwirkungen auch außerhalb unserer Leiblichkeit an Gegenständen geübt werden. Eine Aufhebung der Schwerkraft lässt sich nach unserer Auffassung sofort bewirken, wenn es uns gelingt, durch Einschaltung psychischer Widerstände in die Wirkungsbahn der Schwere, diese an der Vollziehung ihres Gesetzes zu hindern oder, wenn wir es uns anders besser vorstellen wollen, der natürlichen Kraft der Gravitation ein gleich starkes, aber entgegengesetztes psychisches Kraftfeld zu opponieren. Ebenso lässt sich das Inbewegungsetzen von entfernten Gegenständen „durch den bloßen Willen" dadurch erklären, dass wir durch Fernübertragung psychischer Bewegungsgrößen die rein physischen derartig variieren, dass als „wirkliche Bewegung" der betreffenden Objekte diejenige zustande kommt, welche wir „gewollt haben". Nicht zwar durch den Glauben, wohl aber durch den Willen müsste es prinzipiell möglich sein, selbst Berge zu versetzen.

In der Tat bewirken wir doch überhaupt alles, was wir tun , durch den „b l o ß e n Willen" lediglich mit dem Unterschiede der mehr oder mindern Mittelbarkeit. Wenn wir z. B. eine Kegelkugel durch eine Arm- und Hand-Muskel-Bewegung ins Rollen bringen, so ist dies an sich nicht minder wunderbar, als wenn wir vermocht hätten, sie durch den bloßen Stoß der „Gehirnstrahlen" in Bewegung zu setzen. Auch jede unserer geringsten täglichen Tätigungen enthält das gleiche Rätsel, dasselbe Wunderbare in sich.

Mehr aber noch als in der Leichtigkeit in der Aufklärung von Elevation und Telekinese zeigt sich die Erklärungskraft unserer Theorie in der Eleganz, mit welcher sich das Problem der Materialisation resp. Dematerialisation wirklich von selbst löst.

Wir brauchen uns bloß an das zu erinnern, was wir schon im Kapitel vorn Nexus zwischen Physis und Psyche vom Verhältnis der psychischen Bewegung zur rein physischen und insbesondere über die Grenzfälle dieses Verhältnisses gesagt haben.

Schon dort oben sprachen wir es aus, dass als Grenzfall nach der einen Seite derjenige denkbar ist, in welchem die psychischen Bewegungsgrößen, die im Gegensatze zu den rein physischen nach dem Willen der Psyche variabel sind, gerade diejenige Art und Größe annehmen, welche den physischen Bewegungen absolut gleich, aber entgegengerichtet ist. In diesem Moment wird dann die resultierende „wirkliche Bewegung" gleich null!! Das heißt aber nichts anderes, als dass der von diesem Zustande betroffene materielle Komplex seine charakteristischen Eigenschaften als Körper einbüßt und nur mehr jenen imaginären, rein gedanklich fassbaren Zustand vorstellt, in welchem die Urteilchen (nicht mehr Urkörperchen) vor dem Schöpfungsakt als ein Imponderabilium unbeweglich verharrt wären. In diesem Momente verliert also der materielle Komplex seinen Stoffcharakter und die Eigenschaft der Messbarkeit, damit das Charakteristikum einer realen Materie überhaupt. Vulgär gesprochen, verschwindet er in Nichts. Es tritt Dematerialisation ein. Diese aber bewirkt noch lange nicht eine Vernichtung der beteiligten (imaginären, imponderablen) Urteilchen. Es besteht also wieder die Möglichkeit, dass dann, wenn die Psyche die psychischen Bewegungsgrößen wieder anders variiert, so dass der als Grenzfall eingetretene Nullzustand der wirklichen Bewegung wieder behoben ist, die Eigenschaften der reellen Materie wieder in ihre Rechte treten und der Komplex von da ab wieder materiell gegenwärtig ist. Dematerialisation und Materialisation in diesem Sinne sind also notwendig möglich und auch durchaus verständlich. Es sind aber auch geringere Grade einer Dematerialisation möglich, nämlich zum Beispiel der

Fall, dass die psychischen Bewegungsgrößen nur den inneratomistischen Zusammenhang eines Körpers auflösen, indem sie den Atomkräften gleichgroße, entgegengesetzt gerichtete psychische Komponenten opponieren, dass aber gleichzeitig durch psychische Kraft der äußere Zusammenhalt des Körpers dennoch garantiert wird. Ein menschlicher Körper, bei welchem zum Beispiel dieser Grad der Dematerialisation, die eigentlich noch keine solche ist, hervorgerufen würde, könnte infolge Lösung der intramolekularen eventuell interatomistischen Bande wohl durch eine Mauer, Stahlplatte hindurchgehen, er wäre also durchdringlich, aber er könnte deswegen dennoch ein „Scheinleib" bleiben, das heißt die übrigen Eigenschaften der reellen Materie, also auch ihr Vermögen Licht zu reflektieren, aufweisen. Ein Scheinleib, der bald sichtbar ist, bald verschwindet, aber wenn er sichtbar ist, bald undurchdringlich ist, bald, aber wieder greifbar fest, wie er z. B. von Christus, als er nach seiner Auferstehung seinen Jüngern erschien, getragen worden sein soll, hat für uns gar keine Erklärungsschwierigkeiten, sondern fügt sich vollkommen dem System ein. Je nach dem Grade der Opposition der psychischen Bewegungsgrößen gegen die physischen, wurde dem reellen Körper, der greifbar war, entweder nur die Eigenschaft der Undurchdringlichkeit genommen, in welchem Zustande er dann durch verschlossene Türen gehen konnte, oder es wurde jede materielle Grundeigenschaft durch Nullinterferenz aufgehoben, wobei dann der Scheinleib auch noch außerdem verschwand. Ebenso musste es sowohl für den greifbaren, als für den Scheinleib möglich sein, durch separate Opposition eines psychischen Antigravitationsfeldes, das Schwerefeld der Erde aufzuheben und die Elevation, das Emporfahren gegen Himmel im einen wie andern Zustande eines greifbaren oder ungreifbaren, aber sichtbaren Leibes zu bewirken.

Nun, ein Fall ist uns noch übrig, dessen Erklärung nicht durch die bisherigen Ausführungen über dieses Thema schon gegeben wäre. Die Materialisation eines reinen Geistes, der niemals früher (um in menschlicher Ausdrucksweise zu sprechen) einen materiellen Körper besessen hat.

Wohl haben wir von einer Wiedermaterialisation, welche nur die Aufhebung einer vorherigen Dematerialisation bedeutet, eine recht plausible Vorstellung, noch nicht aber einer Manifestation eines reinen Geistes. Unsere Erklärung lässt eigentlich zwei Wege offen. Es wäre denkbar, dass es außer der wirklichen Materie, also solcher, in welcher die Bewegungszustände der kleinsten Teilchen von Null verschieden sind, auch noch allenthalben ungeheure Mengen von Urteilchen gibt (imponderable Ausgedehntheiten), die sich nicht bewegen, infolgedessen nicht als Materie angesehen werden können. Es ist nun denkbar, dass ein reiner Geist, der ja auch eine psychische Individualität mit allen prinzipiellen Argumenten der obersten psychischen Potenz ist, das, was diese letztere für das zu schaffende Weltall gewirkt hat, nämlich die Inbewegungsetzung dieser Urteilchen, für seinen Teil in beschränktem Umfange selbst zu bewirken vermag. Im Falle dieser Annahme hätten wir uns die Materialisation eines reinen Geistes derart vorzustellen, dass er durch psychische Influition Bewegung in die Urteilchen bringt, wodurch sich dieselben sofort zur realen Materie konsolidieren, und nun, je nach dem Willen der Psyche (in diesem Falle des reinen Geistes), nur sichtbar oder auch greifbar und der Erdschwere unterworfen werden können. Es würden sich so ebenso wohl jene Manifestationen der reinen Geister (welche angeblich sich ereignet haben sollen) sich erklären lassen, bei welchen die Gestalten nur scheinbar, oder auch greifbar, oder gar fotografierbar gewesen sein sollen. Diese Variationen würden nur in den Bereich unserer schon im oberen Absatz gegebenen Erklärungen über den Scheinleib fallen.

Aber auch noch eine zweite Art der Materialisation wäre nach unserer Lehre denkbar, freilich eine solche, bei welcher die ganze Materialisation eigentlich nur eine scheinbare wäre, auch dann, wenn Greifbarkeit und Ponderabilität auftritt.

Es wäre nämlich denkbar, dass der reine Geist in der Welt der Erscheinungen direkt durch psychische Beeinflussung der Bewegungsgrößen jene Schwingungszustände (ohne imaginäre Teilchen vorher in wirkliche Materie zu verwandeln) der vorhandenen kleinsten Teilchen der physikalischen Materie erzeugt, welche wieder Ursache zur Emission solcher Wellen sind, die uns schließen lassen, dass an ihrem Ausgangspunkt die entsprechende Ursache vorhanden gewesen sei. Vielleicht lässt sich das, was wir meinen, noch deutlicher aussprechen.

Wenn wir gedanklich annehmen, dass es uns durch Willenskraft gelänge, einen beliebigen Baumpunkt in unserem Zimmer zu veranlassen, dass von ihm aus Wellenzüge ausgesendet werden, welche den Lichtwellen der Natriumlinie vollkommen kongruent sind, so würde unser eigenes Auge ebenso das aller sonstigen Zuschauer vermitteln, dass dort ein gelbes Licht sich befinde. Trotzdem wäre das eigentlich im Sinne der Physik nicht der Fall. Eine derartige „Vortäuschung" einer Materialisation ist aber nicht zu verwechseln mit einer etwaigen Suggestion, welche ein reiner Geist auch auf uns ausüben könnte. Die Suggestion könnte wohl dann angenommen werden, wenn die Manifestationen des Geistes nur von Menschen mit ihren Sinnen vermeintlich wahrgenommen werden, nicht aber dann, wenn der Geist auch in anorganischen Dingen Spuren von seiner Anwesenheit (Abdrücke in Gips etc.) zurückließe oder, wenn Elevation, Telekinese, Materialisation, Dematerialisation er auch auf der fotografischen Platte eine fotochemische Wirkung hervorbrächte. Um solches zu bewirken, genügt Suggestion nicht. Es muss dann mindestens psychische Erregung physischer Zustände angenommen werden, welche hinreichend sind, die beobachteten Wirkungen hervorzubringen. Diese zweite Erklärungsart , welche wir als Scheinmaterialisation der eigentlichen wirklichen Materialisation gegenüberstellen möchten, ist, wenn man sie konsequent ausbaut, ebenfalls für alle bisher behaupteten Fälle zureichend gewesen. Wir glauben aber, dass gegen die Möglichkeit der wirklichen Materialisation auch nichts eingewendet werden kann, ja, sie von unserem Standpunkt aus auch die einfachere und gewissermaßen natürlichere ist, ganz abgesehen davon, dass sie alle Phänomene, die überhaupt erdenkbar sind, zwanglos aufzuklären gestattet.

VORWISSEN; WAHRE PROPHETIE.

Ganz wesentlich unterscheiden sich von allen bisher besprochenen, resp. erklärten Phänomenen die Erscheinungen des Vorwissens und der wahren Prophetie. In beiden Fällen handelt es sich darum, dass der Mensch Dinge erkennt, welche noch in der Zukunft liegen. Eine solche Kenntnis kann ihm natürlich auf keine Weise durch einen physikalischen Vorgang, auch nicht durch eine psychophysische Welle vermittelt werden. Es wäre daher nach der ganzen Wesensart der vorliegenden Probleme, von vornherein verfehlt, eine Erklärung mithilfe unserer Lehre von der psychophysischen Welle überhaupt zu versuchen. Dennoch wollen wir von der Erwähnung und kurzen Behandlung auch dieser Fragen nicht ganz Abstand nehmen, weil sich ihre Erklärung — wenn schon nicht aus den hier ausführlicher entwickelten Theorien des Nexus zwischen Physis und Psyche — so doch aus der allgemeinen metaphysischen Theorie, welche der Verfasser hier nur im ersten Kapitel des Werkchens gestreift hat, ableiten lässt.

Prinzipiell stehen wieder zwei Wege zur Lösung der Frage offen.

Es ist ganz klar, dass jeder Mensch imstande ist, die Entwicklung des täglichen Geschehens in mancher Hinsicht vorauszusagen, nämlich insoweit, als er aufgrund seiner Kenntnis des augenblicklich vorgegebenen Zustandes, nach kausalen Zusammenhängen auf die Weiterentwicklung schließt. Es ist uns auch bewusst, dass diese Schlüsse umso mehr Gewicht haben, je besser sich der betreffende Mann auf dem gerade wichtigen Felde seiner Prognose auskennt, das will sagen, je weiter einerseits sein Gesichtskreis ist, anderseits je tiefer er das vorgegebene durchschaut. Ein treffliches Beispiel bietet heutzutage jeder Börsenspekulant, der sich auch nicht mit wirklichen Naturgesetzmäßigkeiten helfen kann, wie etwa der Astronom, der die Zusammenkunft zweier Planeten berechnet, sondern der auf seiner Kenntnis der momentanen Weltlage, seine Schlüsse über die zukünftige Börsenentwicklung aufbauen muss. Natürlich kann er sich irren, ja wird sich sehr wahrscheinlich öfters irren. Darauf kommt es für uns aber nicht an, sondern nur das müssen wir festhalten, dass die nachher tatsächlich erfolgte Entwicklung, gerade so und nicht anders zustande kam, weil sie es nach der wahren Kausalität des Geschehens so musste. Wenn also der Spekulant sich geirrt hat, so geschah es nur deshalb, weil er eine mangelhafte Kenntnis des momentanen Zustandes besaß und infolgedessen auch nicht dessen künftige Entwicklung in letzten Konsequenzen mit Sicherheit durchschauen konnte. Wir müssen also sagen, dass, je umfassender und tiefer die Kenntnis des Gegenwärtigen wäre, umso sicherer und weitfristiger die Prognosen auch für das Zukünftige sein müssten; ja endlich, dass ein Mensch, der das Naturgeschehen vollkommen nach seinem kausalen Zusammenhang durchschauen könnte, sich praktisch, gar nicht mehr zu irren vermöchte. Dieses wollen wir einerseits zur Kenntnis nehmen.

Von der anderen Seite müssen wir dagegenhalten, dass reine Geister, weil sie außerhalb der Argumente der wirklichen Welt stehen und nicht in der Zeit, sondern in der Ewigkeit leben, die für sie ein einziger, ewiger Gegenwartsmoment ist, auch heute schon unserer fernsten Zukunft als Gegenwärtigem gegenüberliegen und infolgedessen auch eine Kenntnis von diesen für uns zukünftigen Dingen besitzen.

Halten wir uns diese beiden Gedankengänge vor Augen, dann können wir zur Erklärung von Vorwissen und wahrer Prophetie angeben, dass die einfachen Fälle sehr wahrscheinlich auf erhöhte Kausalerkenntnis zurückgeführt werden können, diejenigen aber, für welche selbst dieses Argument nicht mehr zureicht, auf Mitteilung des Zukünftigen durch eine reine, geistige Potenz, oder endlich auch dadurch, dass sich die menschliche Seele selbst unter gewissen Bedingungen soweit vom Körper loszulösen vermag, dass sie selbst der Eigenschaften reiner Geister teilhaftig wird. Beide Möglichkeiten, Inspiration durch reine, geistige Potenz, als auch Ekstase, das heißt Heraustreten der Seele aus dem Nexus mit der Physis und Erlangung der Argumente reiner Geister, werden also im Prinzip als möglich zu bezeichnen sein.

DRITTER HAUPTTEIL

1. Kapitel: Stellungnahme der Physiker

Aus den Ausführungen des zweiten Hauptteiles ergibt sieh leicht die Basis für die rein naturwissenschaftliche Nachweisung und Erforschung der psychophysischen Welle.

Wir haben unter allen dort angeführten und philosophisch erklärten Phänomenen nämlich eine Erscheinung kennengelernt, welche an sich schon eine sehr große Ähnlichkeit mit einem rein physikalischen Experiment besitzt, indem der Vorgang nach jeder Hinsicht ein mathematisch physikalisch durchaus verfolgbarer ist und die Kräfte, welche dabei im Spiel sind, sieh wenn schon nicht nach ihrer Art, so doch nach ihrer Größe ohne jede Schwierigkeit bestimmen lassen.

Wir meinen das siderische Pendel. In ihm allein zeigt sich die Aktion jener geheimnisvollen, bewegenden Kraft in einer mathematisch erfassbaren, physikalisch zugänglichen Form. Hier wird also der Angelpunkt gegeben sein, wo die experimentelle Forschung einzusetzen hat.

Unter der psychophysischen Welle, wie wir dieselbe oben aus philosophischen Gründen genannt haben, wollen wir uns aber jetzt, wo wir als reine Physiker an sie herantreten, nichts anderes vorstellen, als das unbekannte Agens, welches die Erscheinungen beim siderischen Pendel bedingt, ohne dass wir uns im vorhinein irgend eine Meinung über die Art und den Charakter desselben bilden. Wenn wir trotzdem uns vorläufig eine Art Strahlungsvorgang, der sich durch Wellen fortpflanzt, darunter vorstellen wollen, so geschieht es nur deshalb, weil wir nicht ganz ohne jede Arbeitshypothese unsere Versuche ins Uferlose hinaus aufbauen wollen, sondern weil es jedenfalls gut ist, eine solche Vorannahme (unter dem Vorbehalte, sie jederzeit zurückzunehmen, wenn sie sich als nicht entsprechend erweisen sollte) zu machen, umso mehr, als sie ja nicht unbegründet ist.

Wir werden also jetzt sagen, dass wir als Physiker an die Nachweisung und experimentelle Erforschung der psychophysischen Welle genau so herantreten, wie an eine zwar noch nicht entdeckte und anerkannte Wellenart, von deren Existenz wir aber gleichsam aus dritter Hand eine Mitteilung erhalten haben und deren Konstatierung wir nun zum Gegenstand unserer Laboratoriumsversuche machen müssen.

Dabei bleiben wir uns bewusst, dass in der Vorstellung von der Existenz einer solchen neuartigen Wellengattung, die ihrer Natur nach etwa mit den lichtelektrischen Wellen in eine Parallele gesetzt zu werden verdiente, gar kein Widerspruch gegen alle bisherigen Erfahrungen der Naturwissenschaft besteht. Wir erinnern uns im Gegenteil daran, dass der Fortschritt der Physik uns schon mehrmals neuartige Strahlungsvorgänge (die aktinischen und die Röntgenstrahlen) beschert hat, für deren natürliche Wahrnehmung unser Körper auch kein Organ besitzt, die aber dennoch durch ihr ganzes Verhalten sehr deutlich nach den Methoden der Physik unterschieden werden können und die für sich in ihrer Ausnützung zu mannigfachen Zwecken selbst von ganz enormer praktischer Bedeutung geworden sind. Auch dürfen wir nicht vergessen, dass selbst innerhalb der Strahlengattungen und Wellenarten, auf welche unsere Sinne reagieren, immer nur ein gewisses Intervall zur natürlichen Wahrnehmung kommt. So leistet unser Ohr als Vermittler der Schallwellen nur innerhalb eines Unterschiedes von etwa 8 Oktaven seine Dienste, während unser Auge gar nur eine Oktave in Bezug auf die Lichtwellen umspannt. Trotzdem aber haben wir längst die experimentell erwiesene Gewissheit, dass es ebenso wohl noch höhere als noch tiefere Töne gibt, als diejenigen, welche unser menschliches 'Ohr noch aufzunehmen vermag, die freilich eigentlich keine Töne mehr sind, sondern nur Schallwellen, deren Wellenlänge außerhalb der Grenzen der uns wahrnehmbaren liegt; in gleichem auch, dass in Bezug auf die Lichtwellen dasselbe stattfindet; ja, dass der von unserem Auge wahrnehmbar zu machende Teil der Schwingungen nur ein verschwindendes Teil der übrigen, nicht mehr sichtbaren Strahlen ausmacht.

Es ist nämlich gelungen, nachzuweisen, dass es jenseits des roten Endes des Spektrums noch viele „Lichtoktaven" längerwelliger Strahlungen gibt, die z. T. auch von unseren Sinnen als Wärmestrahlen empfunden werden. Wenn wir aber sehen, dass jenseits des violetten Endes des Spektrums das Gebiet der chemischen oder aktinischen Emissionen etwa bei einer Wellenlänge von 0.2 Mikron jäh abbricht, so wissen wir auch, warum dies geschieht. Nicht weil die anstelle der Glaslinsen gesetzten Systeme aus besonderen Kristallen nicht mehr durchlässig für solch kurze Wellen wären, sondern weil die Luft, schließlich selbst in dünnsten Schichten, für dieselben ein undurchdringliches Hindernis vorstellt.

Nichts kann uns aber abhalten, anzunehmen, dass die Luft z. B. von dieser Grenze an nicht bis zu fast unendlich kleinen Wellenlängen hinab jeder Fortpflanzung von Strahlen im Wege steht, sondern dass sie sozusagen von 0.2 Mikron abwärts nur ein breites Absorptionsband bildet und dass sie vielleicht für Wellen, die einige „Lichtoktaven" höher sind als die kürzesten aktinischen, wieder' durchlässig ist. Ein solches Verhalten der Luft als Medium dürfte uns auch gar nicht wundernehmen, werden doch solche sehr breite und tief einschneidende Absorptionsstreifen auch im infraroten Teile des Spektrums bolometrisch nachgewiesen. Es würde uns also zunächst kein zwingender Grund drängen, die nun aufzusuchende Wellenart unbedingt einem neuen, von der Elektrizität-Wärme-Licht-Aktinischen Reihe vollkommen verschiedenen Ast von Strahlungserscheinungen zuzuschreiben, sondern es muss als zulässig anerkannt werden, dass jenes unbekannte Wellengebiet vielleicht sich nachher nur als eine Fortsetzung des uns bereits bekannten Astes der eben genannten Strahlungserscheinungen jenseits einer neuen Grenze entpuppt.

Auch an die von philosophischer Seite abgeleitete Parallelstellung der psychophysischen Welle mit den Lichtwellen wollen wir uns nicht vergessen zu erinnern, ebenso an die Vorstellung, dass die feineren Schwingungen des Lebens (der Lebensglut) sehr wahrscheinlich sieh zur Emission dieser Wellengattung ebenso als Agens verhalten, wie die Oszillationen des inneren Wärmezustandes eines Körpers in Bezug auf die Emission der Wärme- und Lichtstrahlen.

Wir können nun darangehen, ein System von Versuchen aufzustellen, welche geeignet sein sollen, die physikalische Nachweisung der psychophysischen Welle zu erbringen.

Dabei müssen wir uns aber stets vor Augen halten, dass diese ganzen Versuche, so rein naturwissenschaftlich sie auch sonst angestellt sein mögen und äußerlich aussehen, sich von den bisherigen, gewöhnlichen Laboratoriumsversuchen dennoch in einem sehr wichtigen Punkt unterscheiden, nämlich darin, dass hier der Experimentator selbst nicht als unbeteiligter Dritter der Versuchsanordnung gegenübersteht, sondern dass seine Person selbst, samt ihren Fähigkeiten mit zur Versuchsanordnung gehört, dass also der Ausfall und das Gelingen der Versuche mit von seinen persönlichen Eignungen für die in Betracht kommenden Reaktionen abhängt.

Wohl ist auch bei rein physikalischen Experimenten, ist bei jeder Messung immer auch die Person des Messenden beteiligt und gehen auch bei solchen Arbeiten immer persönliche Momente, die sogenannte persönliche Gleichung, in die Messungsreihe ein. Sie können aber meistens leicht eliminiert werden, so dass das Resultat selbst von ihnen frei dargestellt werden kann. Auch sind sie meist ihrer Größe nach von unwesentlichem Belange in Bezug auf die Hauptpunkte der Untersuchung selbst. Endlich sind diese Personalgleichungen in den Versuchsreihen derart, dass sie bei jedem beliebigen Experimentator ungefähr in der gleichen Größenordnung auftreten, wenn sich auch im einzelnen ein Weniges unterscheiden. In unserem Falle aber macht die persönliche Eignung des Forschers selbst vielleicht das Um und Auf des ganzen Erfolges aus. Sie vermag also ganz wesentlich auf den Gang der Versuchsreihen einzuwirken und die Resultate zu erzeugen, zu variieren, aber auch — wie wir uns infolgedessen im Vorhinein sagen müssen — zu verfälschen und zu vollständigen Selbsttäuschungen zu führen.

Ebenso, wie es bei allen gewöhnlich physikalischen Messungen nicht so sehr darauf ankommt, wie groß die Fehler selbst sind, wohl aber darauf, dass man ihre wahrscheinliche und maximale Größe kennt, muss es in unserem Fall ganz besonders wichtig sein, Art und Wirkungsweise der Fehler kennenzulernen. Wir werden uns daher, bevor wir mit den eigentlichen Versuchen beginnen, einer experimentellen Selbstprüfung auf unsere Eignung unterziehen müssen.

2. Kapitel. Vorversuche zur Selbstprüfung

Als erstes Experiment wählt man wohl am besten die Probe auf die Eignung zu passiver Telepathie mit Kontakt.

Auf einen Tisch werden in bequemer Reichweite für den vor demselben stehenden Experimentator zwei Gegenstände gelegt. Die einfache, vollkommen logiklose, also durch Schlussfolgerungen nicht zu lösende Aufgabe besteht darin, dass der Telepath einen bestimmten von den beiden Gegenständen nehmen solle. Der Kontakt ist dadurch hergestellt, dass der Experimentator sich vom Auftraggeber am Handgelenk halten lässt. Damit nicht etwa das Augenspiel des Auftraggebers Hinweise auf den zu nehmenden Gegenstand liefert, ist entweder dieser hinter dem Experimentator postiert oder mit schwarzen Brillen versehen.

Das Experiment wird nun, damit es überhaupt einen wissenschaftlichen Wert besitzt, in der folgenden Weise angestellt werden müssen. Es werden jedes mal (zur einfacheren nachherigen Berechnung im Zehnersystem je 10) Experimente in Serie gemacht, das heißt, es wird das Experiment zehnmal nacheinander wiederholt, wobei der Auftraggeber die Lösungen, ob sie nun richtig sind oder falsch, jedes mal aufschreibt.

Angenommen nun, in der ersten Zehnerserie hätten sich 8 Treffer und nur 2 Fehlgriffe ergeben. — Beweist dieses Zahlenverhältnis schon, dass der Experimentator wirklich telepathische Fähigkeiten besitzt oder nicht? — Ja, was sagt uns überhaupt diese Zahl?

Um sie richtig zu interpretieren, müssen wir ein wenig auf die Wahrscheinlichkeit für das Eintreten eines Ereignisses im mathematischen Sinne zurückkommen.

In der Lehre von der Wahrscheinlichkeitsrechnung lernt man nun, dass die mathematische Wahrscheinlichkeit für das Eintreten eines Vorganges in solchem einfachen Falle gegeben ist durch das Verhältnis der der Lösung günstigen Fälle zu der Zahl aller möglichen Fälle. Unter der Voraussetzung also, dass es sieh um eine Wahl bloß zwischen zwei Dingen handelt, von denen die Ergreifung des einen richtig, die des andern falsch wäre, ist also die Wahrscheinlichkeit dafür, dass man rein zufällig das Richtige trifft, immer gleich ½, denn ein richtiger Fall steht im Ganzen zwei möglichen Fällen gegenüber. Dagegen ist die Wahrscheinlichkeit, dass ein Würfel so fällt, dass eine bestimmte Ziffer obenauf zu liegen kommt ⅙, weil der eine der Lösung günstige Fall im Ganzen 6 möglichen Fällen gegenübersteht.

Natürlich ist damit nicht gesagt, dass der tatsächliche Zufall sich immer gleich nach der mathematischen Wahrscheinlichkeit richtet. Es kann bei einer Münze, die wir aufwerfen, passieren, dass sie zehnmal hintereinander mit der gleichen Seite nach oben zu liegen kommt, während sie eigentlich fünfmal auf die eine, fünfmal auf die andere Seite fallen sollte, und es kann auch bei einem Würfel passieren, dass zehnmal beim Wurf dieselbe Ziffer obenauf erscheint. Jedoch sagt uns dazu schon unser praktischer Hausverstand, dass ein solches Zustandekommen „einen Ausnahmefall" vorstellt und jedenfalls beim Würfel einen viel selteneren Ausnahmefall, als bei der Münze, weil wir selbst einsehen, dass es viel unwahrscheinlicher sein muss, dass der Würfel zehnmal mit einer bestimmten Ziffer obenauf falle, als die Münze. Wir möchten angesichts solcher Fälle sagen, dass sich der Zufall selbst eine Ausnahme gestattet hat, die wir als umso unwahrscheinlicher beurteilen, je größer ihre Abweichung gegen den mathematischen Zufall, der, sich nach der idealen Wahrscheinlichkeit richtet, ist. Wir haben selbst schon das Gefühl, dass, je größer die Anzahl der Versuche gemacht wird, sich der tatsächliche Verlauf der Treffer und Nichttreffer, immer mehr dem Mathematischen wird anschmiegen müssen. In der Tat ergibt sowohl die streng mathematische Ableitung, als auch die logische von selbst, dass dann, wenn die Anzahl der Versuche unangebbar groß würde, die praktischen Fälle sich den theoretischen anschmiegen müssen.

Für unseren Fall können wir also sagen: Die Theorie fordert für die zufälligen Treffer das Verhältnis 1/2 zur Zahl der gesamten Fälle, hier also zwischen zwei Möglichkeiten bei 10 Versuchen 5 Treffer zu 5 Fehlgriffen, bei 100 Versuchen 50 Treffer zu 50 Fehlgriffen, bei 1000 Versuchen 500 Treffer zu 500 Fehlgriffen.

Es ist nun wohl begreiflich, dass der außerordentliche Zufall unter den ersten 10 Versuchen sogar 9 Treffer und nur einen Fehlgriff zeitigt. Dass er aber (wenn wirklich nichts Reelles als Grund dahintersteckt — und dann wäre es eben kein reiner Zufall mehr) unter 100 Versuchen 90 Treffer und unter 1000 Experimenten 900 Treffer zustande bringe, das ist nicht glaublich. Das wäre schon nahezu unendlich unwahrscheinlich. Zum Mindesten müssen wir verlangen, dass, je größer die Zahl der Versuche wird, sich das Verhältnis der tatsächlichen Treffer zu den tatsächlichen Fehlgriffen mehr und mehr 1:1 nähert. Wir können also mit vollem Rechte erwarten, dass bei 100 Versuchen noch höchstens 80 Treffer zu 20 Fehlgriffen, bei 1000 Versuchen 700 Treffer zu 300 Fehlern stehen. Bei 10,000 Versuchen könnten höchstens noch 6000 Treffer 4000 Fehlgriffen gegenübergestellt werden und bei 100,000 Experimenten könnten wir praktisch sicher sein, dass sich das tatsächliche Verhältnis der Treffer zu den Fehlern schon sehr eng den theoretischen 50,000 zu 50,000 genähert haben wird.

Die Ziffern, welche wir dieser Überlegung zugrunde gelegt haben, wären aber an sich schon ganz und gar ausnahmsweise unerhörte Zufälle. In Wirklichkeit (der Verfasser hat seinerzeit Versuche mit aufgeworfenen Münzen gemacht und bis zu 1000 Experimenten ausgedehnt) pflegt sich schon bei 100 Versuchen ein Verhältnis von höchstens 65 zu 35 einzustellen und schon bei 1000 wurde 520 zu 480 konstatiert, also eine viel engere Anschmiegung, als oben angenommen wurde. Jedenfalls aber tritt bei jeder dezimalen Vermehrung der Experimente unverkennbar die Konvergenz gegen die theoretische Zahl in Erscheinung.

Wir können daher jetzt umgekehrt den bindenden Schluss ziehen: Wenn etwa solche telepathische Experimente, wie das oben angegebene, in Serien angestellt werden und es sich ergeben sollte, dass bei 100 Wiederholungen ein sogar höherer Trefferprozentsatz sich einstellt, als bei einer Serie zu 10, und dass gar bei 1000 Experimenten wieder ein höherer als bei 100, dann dürfen wir gewiss sein, dass es sich nicht um einen reinen Zufall handeln kann, sondern dass „etwas Reelles dahinterstecken muss". In der Praxis ist dieses Verhalten der Experimente meist noch leichter und schon früher erkennbar, wenn sich nämlich zeigt, dass von vornherein die Trefferzahl nicht gegen 50 %, sondern etwa gegen 65 % konvergiert und von dieser Ziffer ab bei weiterer Fortsetzung der Versuche nicht fällt, sondern langsam steigt. Gerade das Einsetzen bei etwa 60 bis 65 % ist schon bei der ersten Versuchsreihe ein gutes Zeichen für die Realität der zugrunde gelegten Erscheinung, der die 10 resp. 15 Überprozente gegen die 50% des reinen mathematischen Zufalles zu verdanken sein sollen, ein besseres, als wenn man gleich bei der ersten Versuchsreihe 90 oder 95 % Treffer erhielte. Im letzteren Falle eines so unerwartet großen Anfangserfolges müsste man nämlich viel eher daran denken, dass irgend eine Selbsttäuschung Ursache dieser unerwartbar hohen Trefferprozente sei. Es ist ganz logisch, dass ein Mensch, der sich zum ersten Male in Experimenten versucht, selbst dann, wenn er einige Fähigkeit dazu besitzt, zuerst, solange ihm die auftretenden Gefühle noch unbekannt sind, verhältnismäßig oft falsch urteilt und dass die Summe seiner Ergebnisse sich nur wenige Prozente über diejenigen des. reinen Zufalles erhebt; mit andern Worten: Es ist sehr wahrscheinlich, dass die Versuche, wenn der Experimentator überhaupt eine Fähigkeit besitzt, von vornherein mit 55%, 60%, 65% oder höchstens 70 % Treffern einsetzen, allerdings dabei die Erscheinung zeigen, dass sie dieser Ziffer treu bleiben und nie weniger als 50 % ergeben (was bei reinem Zufall der Fall sein müsste) und dass bei Fortsetzung der Versuche infolge der wachsenden Übung und Urteilssicherheit die Trefferprozente steigen, schließlich vielleicht sogar 98, 99 oder vollends 100 % erreichen. Gerade dieses Verhalten der Versuchsergebnisse ist viel belastender für die wirkliche Realität der zugrunde gelegten Ursachen als ein sofortiges Gelingen mit 90—95 % Treffern.

Durch diese mathematischen Überlegungen sind wir also jetzt in der Lage, das Erreichte zu beurteilen. Zeigt sich das eben beschriebene Verhalten der Trefferprozente, dann dürfen wir mit einer an Sicherheit grenzenden Wahrscheinlichkeit schließen, dass nicht Selbsttäuschung, sondern wirkliche telepathische Übertragung die Ursache gewesen ist.

Ist auf diese Weise durch den einfachen Versuch mit Kontakt eine berechtigte Vermutung einer Eignung des Experimentators für passive Telepathie entstanden, dann kann man natürlich darangehen, auch kompliziertere Experimente durchzuführen. Wäre aber das Ergebnis der ersten Versuche durchaus negativ ausgefallen, dann braucht die Schuld noch immer nicht in der Unfähigkeit des Telepathen zu liegen, sondern es wäre auch möglich, dass der Auftraggeber nicht genügend konzentriert gedacht hat, dass also die Amplitude der psychophysischen Wellen zu gering gewesen ist. Im Falle günstigen positiven Erfolges kann man also die Versuche mit dem alten Auftraggeber fortsetzen, im Falle negativen Ergebnisses müsste man aber die Versuche noch mit andern Personen als Auftraggebern wiederholen.

Bezüglich der scheinbar komplizierteren Aufgaben ist zu sagen, dass sie, wenn nur der Auftraggeber sie richtig in der Reihenfolge des unmittelbar Durchzuführenden vor sich hindenkt, im Grunde alle nicht schwieriger sind, als das eben beschriebene einfachste Experiment. Denn jede noch so komplizierte telepathische Aufgabe dieser Gruppe läuft in jeder einzelnen Phase ihrer Lösung auf eine Wahl zwischen dem Richtigen als dem einen und dem Falschen als dem andern, also auf eine Wahl zwischen zwei Sachen hinaus. Man wird daher von jenem Momente ab, als man das Gefühl, welches „richtig" bedeutet, von demjenigen, welches auf „falsch" hinweist, mit Sicherheit unterscheiden kann, geradezu plötzlich nun auch die kompliziertesten und scheinbar schwierigsten Aufgaben lösen können. In der Trefferkurve wird sich dies darin äußern, dass die ursprünglich bei etwa 65 % eingesetzten und auf 70 % hinaufgegangenen Treffer mit einem Schlage sieh um etwa 10 % verbessern werden.

Im Gegensatz zu Aufgaben solcher Natur sind die Experimente, welche wir jetzt angeben werden, wirklich schwieriger zu lösen. Es soll jetzt nicht mehr die Ausführung einer Handlung, sondern eine bestimmte Begriffsbildung verlangt werden. Der Auftraggeber denkt z. B. konzentriert an bestimmte, sehr markante Figuren, zum Beispiel Dreieck, Kreis oder ähnliche geometrisch wohlbekannte Formen. Der Telepath soll erfühlen, was der Auftraggeber für eine unter diesen Figuren gerade denkt. Die Versuche werden im übrigen in derselben Weise angestellt, wie oben und ihre Resultate der gleichen mathematischen Behandlung unterworfen.

Beide Experimentgruppen dürfen aber, auch im Falle eines offensichtlichen Erfolges noch nicht für zureichende Beweise für das Vorliegen wirklicher, kräftiger, telepathischer Fähigkeiten des Experimentators gelten. Im ersten Falle, bei Aufgaben, welche durch Tätigkeiten zu lösen sind, ist immer eine Beeinflussung des Telepathen durch muskuläre Wirkung möglich, so dass aus mehr oder minder unbewussten, unwillkürlichen Zuckungen des Auftraggebers die Lösung der Aufgabe sich herleitet. Im Falle des zweiten Versuches hingegen ist wieder schwer zu entscheiden, ob reine Telepathie oder Suggestion vonseiten des Auftraggebers vorliegt. Von wahrer Telepathie möchten wir erst dann sprechen, wenn die Experimente der ersten Art, deren Lösung durch Tätigkeiten erfolgen kann, in einwandfreier Weise ohne jeden Kontakt zwischen Auftraggeber und Experimentator durchgeführt werden. Wir wollen eine derartige Versuchsanordnung beschreiben:

3. Kapitel. Der einwandfreie telepathische Versuch

Ein solches Experiment müsste etwa auf folgende Weise angestellt werden:

Der Experimentator befindet sich allein in einem Zimmer, Er weiß allerdings, dass mit ihm innerhalb der kommenden Stunde ein telepathisches Experiment gemacht werden soll, aber er kennt den genauen Zeitpunkt des Beginns nicht. Um jederzeit auf eintreffende Gedankenwellen gefasst zu sein, widmet er sich gar keiner äußerlichen Tätigkeit, beschäftigt sich auch innerlich nach Möglichkeit mit gar nichts, mit einem Worte, er versucht sich gänzlich passiv zu verhalten und an gar nichts über nichts zu denken. Der Auftraggeber hingegen, gänzlich außerhalb des Zimmers, stellt erst jetzt, nachdem er den Telepathen zuletzt gesehen hat, eine Aufgabe zusammen.

Diese selbst kann möglichst einfach und im Zimmer des Experimentators durchführbar sein. Dann begibt sich der Auftraggeber in das Nebenzimmer und beginnt konzentriert an die Aufgabe zu denken. Wenn jetzt der Experimentator wirklich die verlangten Tätigkeiten richtig vollführt, dann kann man sicher sein, dass eine wirkliche telepathische Übertragung stattgefunden hat.

* * * *

Der Verfasser selbst hat Experimente aller bisher beschriebenen Arten durchgeführt. Es ist hier nicht der Ort, über dieselben näher sich zu verbreiten. Es genüge, mitzuteilen, dass die diesbezüglichen Vorversuche zu Selbstprüfungszwecken mit einer an Sicherheit grenzenden Wahrscheinlichkeit ergeben haben, dass der Verfasser selbst eine prinzipielle, positive, freilich keineswegs außerordentliche Fähigkeit dazu besitzt, sowohl aktiv wie passiv, als Auftraggeber wie als Telepath, Experimente erfolgreich durchzuführen. Seit Beginn der Übungen zeigte sich ein Fortschritt im Zunehmen der Trefferprozente, worin nach der mathematischen Ableitung von den Zufallstreffern ein eindeutiger Beweis für das Vorliegen eines reellen Untergrundes geliefert erscheint.

4. Kapitel. Der einwandfreie Pendelversuch.

Kürzer als bei den telepathischen Selbstprüfungsversuchen wollen wir uns über die analogen Anordnungen beim Experimente des siderischen Pendels fassen. Wir wollen hier die Vorexperimente und das Kriterium in einem Kapitol behandeln.

Siderische Pendelversuche beginnt man am besten damit, dass man sich zwei Assistenzpersonen, eine männlichen, eine weiblichen Geschlechtes wählt, sie veranlasst, ihre Hand unter das ruhig gehaltene Pendel zu bringen und nun abwartet, ob eine Reaktion eintritt. Wenn man pendelfähig ist, so wird man sehr bald eine von den unwillkürlichen Zitterbewegungen des Pendels unabhängige, deutlich reguläre Bewegung entstehen sehen, die sich über der männlichen Hand endlich zu einem Kreise erweitert, der so groß wird, dass er fast die ganze Hand der Versuchsperson umschließt, während über der weiblichen Hand eine mehr oder minder schmale Ellipse entsteht. Natürlich ist dieses Experiment noch nicht einwandfrei, denn man kann sagen, dass der Experimentator vielleicht ohne seine Absicht durch feine Bewegungen der das Pendel haltenden Finger dasselbe in diese besonderen Schwingungszustände gebracht habe. Der Anfänger wird das Zutreffen oder Nichtzutreffen dieses Einwandes auch nicht zu beurteilen vermögen, wenn auch der geübte Pendler später, vorausgesetzt, dass er sich selbst nicht betrügen will und unter scharfer Selbstkontrolle diesen einfachen Versuch durchführt, sehr deutlich unterscheidet, ob eine Pendelbewegung etwa durch Zittern der Hand oder durch jene unsichtbaren Stöße der Ausstrahlungen des Mediums hervorgerufen wird. Es zeigt sich nämlich bei einiger Übung sehr bald ganz deutlich, dass die Handzitterungen eigentlich ein Hindernis für das Zustandekommen der regelmäßigen Pendelschwingungen sind und dass sie von der Kraft, welche diese endlich hervorbringt, zuerst in einem förmlichen Kampfe überwunden werden müssen, damit nachher aus kleinsten Anfängen heraus die regelmäßige, kreiskegelige oder elliptische Schwingung sich aufbaut. Man merkt sofort den Unterschied, ob eine Pendelbewegung durch Verschiebung des

Aufhängepunktes (Haltepunkts der Finger hervorgebracht wird, oder ob der Ring von unten durch die Emanation zur Seite gestoßen wird.

Indessen hindert uns nichts, dem Versuch sehr bald jene äußere Anordnung zu geben, welche jeden Zweifel an der Realität der Phänomene ausschließt.

Schon näher kommt dem Idealversuch das Experiment mit offen vorgelegten Fotografien, welche der Experimentator selbst nicht kennt, und die, männliche und weibliche Originale enthaltend, zum Teil noch lebende, zum Teil inzwischen schon verstorbene Personen vorstellen. Diese Fotografien werden vom Experimentator gleichfalls in Serienversuchen bependelt und die Resultate werden in derselben Weise wie oben bei den telepathischen Versuchen aufgeschrieben und mathematisch ausgewertet. Es wird sich dabei zeigen, dass die Pendelversuche eine nahezu an 100 % heranreichende Trefferzahl von allem Anfange aufweisen, eine Erscheinung, die wir uns so erklären können, dass das Pendel ein unvergleichlich feines Instrument ist und dass es seine Entscheidungen theoretisch eigentlich mit unfehlbarer Sicherheit (100 % Treffern) jederzeit erbringen müsste. Die bei Anfängern auftretenden Fehlanzeigen wären dann nur auf außerordentliche Indisposition, Unruhe der haltenden Hand und dergleichen zurückzuführen, während die Treffer eigentlich das Normale vorstellen.

Um den Pendelversuch aber vollkommen einwandfrei anzustellen, ist folgende Anordnung zu verlangen. Es werden drei Bilder, eines von einem lebenden Mann, eines von einer noch lebenden Frau und ein Bild eines inzwischen Verstorbenen dazu verwendet. Diese Bilder werden von einer dritten Person in reine, noch von niemand angefasste Kuverts mit einer Pinzette eingelegt; die Kuverts darauf geschlossen und äußerlich lediglich mit einer Nummer versehen. Die Kuverts werden mit der Nummer unten (sodass der Experimentator auch dieselbe nicht kennt), diesem nebeneinander auf einem Tisch zur Bependelung vorgelegt. Der Experimentator macht die Pendelprobe und gibt die Resultate an. Der Assistent schreibt die Resultate zu der Kuvertnummer auf eine Liste. Dann vertauscht er, während der Experimentator das Zimmer verlässt, die Kuverts, welche sich übrigens äußerlich vollkommen gleich sein müssen. Der wieder eingetretene Pendler wiederholt den Versuch und gibt das Resultat bekannt. So wird der Versuch mindestens fünfmal, besser zehnmal oder noch öfter wiederholt. Erst zum Schluss wird die Tabelle der Resultate betrachtet. Zeigt sich dabei, dass der Pendelversuch in allen Fällen richtige Ergebnisse gezeitigt hat, das heißt, dass das Bild des lebenden Mannes zehnmal hintereinander wirklich als das eines lebenden Mannes bezeichnet worden ist, ebenso das Bild der Frau und das der toten Person jedes mal ohne einen einzigen Irrtum als richtig erkannt worden ist, dann lässt sich an der Realität der Resultate nicht mehr zweifeln.

$$* * * *$$

Der Verfasser hat wiederholt solche Pendelversuche ganz nach dem beschriebenen System durchgeführt und ist zu der Überzeugung gekommen, dass das Pendel eigentlich niemals irrt. Die Fehler sind so selten, dass sie mehr als hervorgerufen durch Indisposition des Experimentators und Unruhe der haltenden Hand aufgefasst werden können, zumal sich Fehler immer nur dann ergeben haben, wenn der Verfasser von vornherein sich nicht recht geeignet, nicht hinreichend ruhig und sicher fühlte; dagegen niemals Fehler eingetreten sind zu Zeiten, in welchen er sich sehr wohl disponiert, äußerlich und innerlich ruhig und sicher fühlte. Insbesondere der strengst angeordnete Kriteriumsversuch wurde schon so oft mit vollständigem und sicherem Erfolg durchgeführt, dass mit einer an Sicherheit grenzenden Wahrscheinlichkeit die Eignung des Verfassers zu Experimenten mit dem siderischen Pendel nachgewiesen erscheint.

5. Kapitel. Der einwandfreie Wünschelrutenversuch

Als solcher kann die angegebene Versuchsanordnung gelten. Während der Experimentator außerhalb weilt, wird ein Gegenstand, am besten aus Metall (ein Schlüssel z. B.) von einer gewissen Person eine Minute lang in der linken Hand gehalten und nachher, ohne dass eine andere Person diesen Gegenstand noch berührt, auf eine neutrale Unterlage gelegt. Die Person entfernt sich und begibt sieh unter eine Gesellschaft von 30 oder mehr Personen. Der Experimentator tritt mit der Wünschelrute an den berührten Gegenstand heran und nimmt mit ihr die Ausstrahlung des Gegenstandes auf. Dann begibt er sich zu der Gesellschaft der 30 Personen, die er sich in einem Abstand von 10 Metern vor sich in einem Halbkreis Aufstellung nehmen lässt.

Er ersucht sie, ihren linken Arm gegen ihn auszustrecken und versucht nun, die Koinzidenz der aufgenommenen Emanation mit den ihm nun von den einzelnen Personen zugestrahlten Emanationen festzustellen. Gelingt das Experiment, das heißt, wird eindeutig die richtige Person, nämlich jene, welche den Gegenstand wirklich berührt hatte, bezeichnet, so ist ein starkes Argument für die Realität des Resultates gegeben. Um jeden Zweifel mehr und mehr auszuschließen, ist der Versuch mit vertauschten Rollen und verschiedenen Gegenständen mindestens zehnmal zu wiederholen. Gelingt er immer, ohne einen einzigen Irrtum, so ist mit einer an Gewissheit grenzenden Wahrscheinlichkeit die Wünschelrutenfähigkeit des Experimentators erwiesen.

* * * * *

Solche Versuche hat der Verfasser zwar selbst bisher nicht anzustellen Gelegenheit genommen. Er hat sie indessen von anderer Seite durchgeführt gesehen, sodass an deren Möglichkeit für ihn kein Zweifel mehr zu obwalten vermag.

6. Kapitel. Die Nachweisung der psychologischen Welle

Nachdem der Verfasser sich im Prinzip einer eigenen hinreichenden Pendelfähigkeit für überzeugt erachten konnte, musste für die Anstellung der eigentlichen Nachweisungsexperimente folgender Gedankengang maßgebend sein:

Wenn tatsächlich — wie dies philosophisch abgeleitet worden — das Phänomen des siderischen Pendels seine Ursache darin haben sollte, dass hinter der sichtbaren Fotografie eines Menschen noch ein zweites Bildnis von anderer Art steckt, dann sind zwei Annahmen unerlässlich, um sich das Zustandekommen dieses latenten psychischen Bildes vorstellen zu können. Einmal muss vorausgesetzt werden, dass die Strahlungsart, welche dieses Bild hervorgerufen hat, ebenfalls den Brechungsgesetzen unterliegt, wie die Lichtstrahlen, dass Objektivsysteme aus Glas auch für diese Strahlen durchlässig gewesen sein müssen und dass sie auch auf diese Strahlen eine brechende Wirkung üben; zweitens endlich, dass durch den Kopierprozess vom Negativ auf die Kopien, jedes mal mit dem optisch sichtbaren auch das psychische Konterfei mit überkopiert worden ist, und dass die Fotopapiere, das heißt jene mit einer präparierten Schicht versehenen Papiere, welche sich zur Festhaltung des fotochemischen Prozesses der Bildhervorrufung eignen, auch als Träger des psychischen Bildnisses geeignet haben. Wenn dem nicht so wäre, dann würde es trotz der schönsten philosophischen Ableitung dennoch unverständlich sein, wieso eine Kopie (bei Porträts handelt es sich freilich meist um höchstens 24 Kopien von einem Originalnegativ, nicht um Tausende) ein psychophysisches Bildnis in sich enthalten könne.

Wenn sich dies aber alles so verhält, wie wir es bisher angenommen haben, wenn also tatsächlich in jeder Kopie ein psychischer Bewegungszustand steckt, der sich in der Emission von Wellen auswirkt, dann — und dies ist die entscheidende Schlussfolgerung — müssten auch umgekehrt die von einem Bild ausgehenden Strahlen sich durch Linsen auffangen, wieder brechen und im psychophysischen Fokus des Objektivsystems zu einem neuen, freilich seitenvertauschten reellen Fokalbild vereinigen lassen. Und wenn jetzt das siderische Pendel in der Hand einer hierzu überhaupt geeigneten Person in die Ebene dieses Brennpunktbildes gebracht würde, dann müsste es dieselben Schwingungen wie über der Photographie selbst, nur in umgekehrter Richtung (in entgegengesetztem Umlaufsinne) ergeben.

Auch die genaueste Prüfung dieses dem Verfasser zunächst nur spontan aufgetauchten Gedankenganges ergab nur seine Richtigkeit. Hier also war ein Kriterium gegeben, eine prinzipielle Versuchsanordnung, welche die Entscheidung bringen konnte für die rein physikalische Existenz der psychophysischen Wellen. Freilich — muss dazu gesetzt werden — bloß bringen „konnte" und nicht „musste". Es war ja immerhin möglich, dass bei vollkommener Richtigkeit des Gedankenganges an sich, die durch unsere fotografischen Objektive aufgefangene und im reellen Fokusbild zur Vereinigung gebrachte psychophysische Wellenenergie rein quantitativ zu schwach wäre, um das Pendel in einer wirklich bemerkenswerten Weise zu bewegen. Jedenfalls war zu erwarten, dass überm Fokusbild sich ein schwächerer Pendeleffekt einstellen würde als über dem Originalbild. Das Verhältnis dieser Stärke zu der über der Fotografie selbst erzeugten Schwingung war nicht im voraus theoretisch anzugeben. Man musste sich also immerhin darauf gefasst machen, dass die zur Wirkung gelangenden Kräfte so gering wären, dass der Versuch scheinbar negativ ausfiel. Jedenfalls musste ein positiver Erfolg eher bei recht stark aktiven Bildern zu erwarten sein.

DER PENDELVERSUCH IM FOKUSBILD.

Es wurde also die nachfolgende Versuchsanordnung getroffen. Unter einer größeren Anzahl von guten Porträts wurden solche ausgesucht, die bei normaler Bependelung immer einen recht starken Ausschlag ergeben hatten. Diese Bilder stellten einen lebenden Mann, eine lebende Frau und eine verstorbene Person vor.

Die Bilder wurden unmittelbar vor dem Hauptversuch nochmals normal bependelt und in vollkommener Übereinstimmung mit ihrem gewöhnlichen Verhalten befunden.

Jetzt wurden die Bilder auf den Fußboden gelegt und mit dem Pendel wurde festgestellt, in welcher Maximalhöhe noch die normale Reaktion auftrat. Diese ergab bei einer allmählich abnehmenden Amplitude in etwa 40 cm Höhe ihren Nullwert. In dieser Entfernung über dem Bild konnte jedenfalls eine von den Zitterbewegungen des Pendels infolge nicht absoluten Ruhighaltens sich abbebende regelmäßige Schwingung nicht mehr festgestellt werden.

Nun wurde eine Kamera derart über eine der auf den Boden gelegten Fotografien befestigt und deren Objektiv senkrecht nach unten gerichtet, dass das vom optischen Systeme erzeugte Bild der Originalfotografie auf der Mattscheibe erschien. Es wurde darauf scharf eingestellt.

Jetzt wurde das Originalbild zunächst unten am Boden weggenommen. Die Mattscheibe wurde von der Kamera entfernt, und das siderische Pendel mit dem Ring in die Ebene der Mattscheibe gebracht. Nachdem die Zitterungen sich möglichst verlaufen hatten, wurde von einer Assistenz das Originalbild wieder an die alte Stelle am Boden gelegt, so dass durch das Objektiv zweifellos das optische Bild wieder erzeugt werden musste und sichtbar gewesen wäre, wenn man die Mattscheibe wieder eingeschoben hätte. — Das siderische Pendel begann nun alsbald Ausschläge zu zeigen, und zwar deutlich in der Weise, wie sie nicht durch Bewegungen des Aufhängepunktes hervorgebracht werden können, sondern es schien, als ob der Ring von unsichtbaren Kräften gestoßen würde. Alsbald entwickelten sich die gewohnten Schwingungen. Deutlich bildeten sich die Kreise bei dem männlichen Bild, die Ellipsen bei dem weiblichen aus, über dem Bildnis des Toten aber blieb das Pendel stehen. Und was das Allerwichtigste war: Die Schwingungen erfolgten im umgekehrten Drehungssinne, im Vergleich zum Umlaufsinne, über den Originalfotografien, also vollkommen der Theorie gemäß.

Der Versuch, auch wiederholt, ergab das nämliche Resultat, ja es zeigte sich bei Verdrehung des weiblichen Bildnisses um 90 Grad auch die alsbaldige Mitdrehung der großen Achse der Schwingungsellipse um denselben Betrag. Die Schwingungen waren nicht unbeträchtlich schwächer als über dem Original und hörten ganz auf, wenn man die Bilder in Kuverts gab. Es war also jedenfalls mit der vorhandenen kleinen Kamera, deren Objektiv nur $F = 7 \cdot 7$ besaß, nicht möglich, den Versuch in der freilich viel einwandfreieren Art der in verschlossenem Kuvert vorgelegten Bilder zu machen. Indessen wurde Sorge getragen, dass weder der Experimentator noch die Assistenz das vorgelegte Bildnis sah, so dass trotz Nichtkuvertierung die damit verbundenen Selbsttäuschungen ausgeschlossen sein mussten.

Als interessant und eigentlich auch für die Richtigkeit der Resultate sprechend muss das Verhalten des Kameraverschlusses erwähnt werden. Es zeigte sich nämlich bei Schließung desselben ein sofortiges Aufhören der Pendelschwingungen, woraus sich die auf den ersten Blick widersprechende Tatsache ergeben würde, dass die Kautschuklamellen verhältnismäßig undurchdringlich für die psychophysischen Wellenstrahlen sein sollten. Man möchte vielleicht geneigt sein, diesen Strahlungsarten eine allgemeine Durchdringungsfähigkeit zuzuschreiben, sodass es vor ihnen gar kein Hindernis gäbe.

Das kann aber doch wieder nicht gut der Fall sein. Vielmehr haben alle bisherigen physikalischen Forschungen über Strahlungen von beliebigen Arten gezeigt, dass es immer Körper von solcher Beschaffenheit gibt, die für die betreffende Strahlungsart undurchdringlich sind. Da nun die psychophysische Welle als Strahlung eigentlich ja auch nur ein rein physikalischer Vorgang ist, so dürfen wir mit Recht dasselbe Verhalten beim Durchgang durch verschiedene Medien erwarten und es ist von vornherein gewiss, dass sich dabei nicht alle Stoffe gleich durchdringlich verhalten werden.

Darin, dass gerade die aus Kautschuk bestehenden Lamellen des Fotoverschlusses sich als undurchdringlich für diese Wellenart erwiesen haben, welche von der Fotografie ausgehen, liegt eher eine Bestätigung einer Vermutung, die sich uns über die Natur und Wellenlänge der neuen Strahlen schon früher einmal aufgedrängt hat. Kautschuk ist ein Stoff, der für Wellen von relativ großer Länge besonders gut „durchsichtig" ist. Durch eine Kautschukplatte gehen die infraroten langwelligen Wärmestrahlen etwa so leicht durch, wie die optischen Lichtstrahlen durch eine Fensterglasscheibe. Es würde also ein Auge, welches für solche Strahlen empfänglich wäre, durch Kautschukplatten hindurchsehen können, wie wir durch Glas. (Nach neuesten Forschungen soll z. B. der Floh ein solches Wärmeauge besitzen, mittels welchem er ein Strahlungsgebiet überblickt, das gänzlich außerhalb des unsrigen im diesseits roten Teile des Spektrums gelegen ist). Dagegen ist Kautschuk schon für die Lichtstrahlen recht schwach durchscheinend, in dickeren Schichten vollkommen undurchsichtig. Es ist also sehr naheliegend, dass er gerade um dieses Verhaltens willen für Strahlen, welche noch kürzerwellig sind, ganz besonders undurchdringlich ist. Dass aber unsere jetzt experimentell nachgewiesenen psychophysischen Wellen sehr wahrscheinlich kürzerwellig sind als die äußersten ultravioletten, geht als sehr vermutlich auch daraus hervor, dass es nach den Versuchen den Anschein hat, als ob der psycho-physische Fokus eines Linsensystems näher beim Objektive läge als der fotografische oder gar optische. Aus genauen Feststellungen dieser Fokusdifferenz müsste es möglich sein, Rückschlüsse auf die Brechbarkeit und wieder auf die Wellenlänge der geheimnisvollen Strahlungsarten zu ziehen.

Diese Gedankengänge können aber für sich nicht abgeschlossen werden, ohne auf neue hinüberzuleiten. Wenn Kautschuk ein besonders undurchlässiger Körper für unsere Wellengattung ist, dann kann es umgekehrt auch besonders gut durchlässige geben. Es ist durch nichts erwiesen, dass das Glas gerade der geeignetste Körper dieser Art sei. Vielmehr müssen wir wohl annehmen, dass Glaslinsen einige Durchlässigkeit für psycho-physische Wellen besitzen, denn sonst wäre der Ausfall der Experimente nicht erklärbar, aber es ist sehr wohl möglich, dass andere, uns vielleicht völlig undurchsichtig erscheinende Stoffe für diese Wellenart eine viel größere Durchlässigkeit besitzen und dass solche eventuell geeignet wären, bessere Linsen für die Brechung von psychophysischen Wellen herzustellen. Es ergibt sich also schon hier von selbst ein geradezu unerschöpfliches Feld von neuartigen Versuchen, Erprobungen aller nur erdenklichen Stoffe, Abänderungen der Versuchsanordnungen zur genaueren Durchleuchtung der verwickelten Zusammenhänge. Kurz, es werden etwa alle jene Experimente neuerdings zu wiederholen sein, welche notwendig waren, um unsere Kenntnis von den „Lichtstrahlen" seit ihrer Entdeckung bis auf die heutige Höhe zu entwickeln.

Jedenfalls muss der positive Ausfall des grundlegenden Experimentes schon in seiner einfachsten Gestalt dahin gewertet werden, dass die rein physikalische Existenz jener Strahlung, welche das Phänomen des siderischen Pendels hervorzubringen imstande ist, nachgewiesen ist.

DER SCHÄDELVERSUCH IM FOKUSBILD

Darüber hinaus aber musste sich in Zusammenhaltung mit einer weiteren Tatsache eine neue Überlegung knüpfen lassen.

Wenn das erste Experiment zur Nachweisung der psychophysischen Welle tatsächlich einwandfrei ist, und wenn die psychophysische Welle also wirklich als etwas Reinphysikalisches existiert und durch das Fotoobjektiv der Kamera aufgenommen und konvergiert worden ist, dann muss es auch wohl möglich sein, die Kondensorwirkung dazu auszunützen, sich selbst die psychophysischen Wellen durch das Antennenorgan des Gehirns bemerklich zu machen, vorausgesetzt, dass die Vorversuche auf passive Eignung zur Telepathie ohne Kontakt ergeben haben, dass der Experimentator tatsächlich die Antennenfähigkeit der Aufnahme solcher Wellenzüge besitzt.

Es musste sich also der Verfasser versucht fühlen, einmal anstelle des Pendels in der Mattscheibenebene, sein eigenes Gehirn anzuwenden, also vulgär gesprochen, seinen Kopf in die Kamera zu stecken, dergestalt, dass die Brennebene des Objektives etwa auf die Hirnrinde fiel.

Der Versuch wurde tatsächlich angestellt und war von einem geradezu unerwarteten Erfolg begleitet. Gleich in dem Moment, in welchem die Assistenz das Bild eines lebenden Mannes vor das Objektiv hielt, wurde eine lebhafte, scharf charakterisierte Empfindung konstatiert, die örtlich etwa im Zentrum des Kopfes ihren Sitz zu haben schien und im ganzen und großen sich wie eine milde Wärme verhielt, die von einer unsichtbaren Hand über die inneren Organe des Kopfes ausgegossen würde, ohne dass die äußeren Sinne etwas davon meldeten. — Es konnte sofort richtig gesagt werden, dass das vorgelegte Bildnis einen lebenden Mann vorstellen müsse. — Ebenso wurde mit dem Kopf in der Kamera sofort ein Frauenbild an dem breiteren und milderen Eindruck richtig erkannt. Das Bildnis des Toten aber wurde als vergleichsweise kalt empfunden. Der Versuch wurde wiederholt und ergab das mehrmalige Wiedererkennen derselben Bilder in bestimmter Weise. Bei weiterer Fortsetzung nahmen aber die Fehlgriffe in der Beurteilung zu. Es zeigte sich eine verhältnismäßig rasche Ermüdung und Unfähigkeit, die zwar richtig empfangenen und wahrgenommenen Eindrücke auszudeuten. — Auch der Umstand, dass ein Bildnis, welches zwei Personen, eine männliche und eine weibliche darstellte, sofort richtig erkannt und bezeichnet wurde, trug dazu bei, schon der allerersten Versuchsreihe den Stempel eines reellen Hintergrundes aufzudrücken.

Die Versuche wurden natürlich in verschiedener Weise fortgesetzt und verschiedenartige Stellungen des Kopfes in der Kamera ausprobiert. Die Ergebnisse dieser Variationen im Verein mit den Resultaten der im übernächsten Abschnitt behandelten Versuche haben den Verfasser auch auf Vermutungen hinsichtlich eines besonderen Antennenorgans unseres Gehirns geführt, die er zwar noch nicht zur vollen Gewissheit zu erhärten in der Lage war, die aber dennoch so naheliegend sich darbieten, dass sie in diesem Buch nicht unerwähnt bleiben dürfen.

DAS ANTENNENORGAN.

Nicht ganz grundlos nehmen wir von der Meinung Abstand, dass das Großhirn selbst ein Ausstrahler von Wellenzügen sei. Die ganze Natur des Menschen gibt uns dafür keinen Anhaltspunkt und manches, was noch über die speziellen Empfindungen bei den Versuchen gesagt werden wird, spricht geradezu eher dagegen, sondern in den Beispielen der anderen Sinnesorgane führt sie uns gleichsam von selbst der Ansicht zu, dass auch die Aussendung von psychophysischen Wellen und deren Aufnahme an ein besonderes Organ, welches wir Antennenorgan nennen möchten, gebunden sei.

Wenn wir uns aber einmal dieser Annahme zu bekennen, dann ist es nicht schwer, dieses Organ, wenn es überhaupt vorhanden ist, zu finden, denn wir besitzen eine ganze Reihe Bestimmungsgleichungen, welche uns mit geradezu mathematischer Gewalt der Lösung zuführen müssen.

Betrachten wir bloß, wie die Natur im menschlichen Körper die Sinnesorgane angeordnet hat.

Wir müssten absichtlich blind sein, sollten uns nicht sehr bald zwei hauptsächliche Prinzipien auffallen, nach welchen Mutter Natur offenbar zu Werke gegangen ist. Vor allem sehen wir, dass Natur keine überflüssigen Organe im Körper schafft, dann dass sie die Sinne nicht mehr über den ganzen körperlichen Organismus verzettelt, als es unbedingt notwendig ist und endlich, dass kein Sinneswerkzeug mehr exponiert ist, als es muss, um seinen Zweck erfüllen zu können. — So sehen wir, dass nur der Tastsinn über den ganzen Körper verbreitet ist (einschließlich des Druck- und Temperatursinnes), weil er unbedingt notwendig zur Verhütung von Beschädigungen am Körper ist, dass dagegen alle anderen Sinne im ganzen Körper nicht an verschiedenen Stellen vorhanden, sondern in ausgesprochene Organe zusammengezogen und diese wieder im Kopf des Menschen zusammengedrängt sind. Schon von diesem Standpunkt aus können wir sagen, dass jedenfalls das Antennenorgan, wenn es überhaupt vorhanden ist, am Kopf oder im Kopf sich wird finden müssen.

Von den Sinneswerkzeugen im Kopf aber kann wieder gesagt werden, dass sie ihrer Einzahl oder Paarigkeit nach vorhanden sind, je nachdem ihr Zweck es unbedingt erfordert. Das Geruchsorgan und Geschmacksorgan ist in der Einzahl vorhanden, weil es auf keine räumliche Erkenntnis hingeordnet ist, dagegen sind Ohr und Auge, weil sie auf die räumliche Deutung von Vorgängen in der Umwelt abzielen, paarig vorhanden, damit der parallaktische Stereoskopeffekt hervorgerufen werden kann, der für die Erreichung dieses Zweckes notwendig ist. Von diesem Standpunkt aus können wir wieder sagen, dass das Antennenorgan des Menschen jedenfalls nur in der Einzahl vorhanden sein wird, denn es ist auf einen Stereoskopeffekt nicht angewiesen. Wenn es aber einzahlig ist, dann werden wir es im mittleren Längsschnitte des Kopfes suchen müssen, denn nach der Symmetrie des Baues hat die Natur alle Organe, welche nur einzahlig vorhanden sind, in diese mittlere Symmetrieebene verlegt.

Fragen wir uns endlich noch, ob dieses Antennenorgan außen am Kopfe oder innerlich zu suchen sein wird, so können wir wieder mit Bestimmtheit sagen, dass es sehr wahrscheinlich nahe dem Kopfzentrum zu finden sein wird, weil es vom Standpunkt der Natur aus ganz unsinnig wäre, dieses Organ an die Oberfläche zu verlegen, da es völlig unnütz exponiert würde. Die Augen mussten zwar an die Oberfläche verlegt werden, weil sie sonst ihre Aufgabe, zu sehen, nicht erfüllen könnten, aber auch sie sind, so gut, wie es möglich war, geschützt angeordnet. Vom Ohr aber ist schon nur der unwichtigste Teil nach außen verlegt, alles Edlere dieses fein entwickelten Organes aber ist tief in das Kopfinnere gebettet. — Nach allem diesem können wir mit gutem Gewissen unsere Behauptung für zutreffend erachten, dass das gesuchte Organ, wenn überhaupt vorhanden, erstens am Kopf und nicht im Rumpf des Menschen zu suchen sein wird, zweitens dass es, weil einzahlig vorhanden, in der Mittelschnittslinie liegen wird und in dieser Schnittebene sehr nahe dem Zentrum des Schädels.

Das ist die eine Bestimmungsgleichung für das unbekannte Organ. Wir sind aber auch imstande, eine zweite namhaft zu machen. Es ist klar, dass dieses Organ, wenn es überhaupt vorhanden ist und wenn es seinen Zweck erfüllen soll, ein besonderes anatomisch unterscheidbares Gebilde von sehr feiner Struktur sein muss, und dass dieses Gebilde, weil es einem Zwecke dient, der bisher nicht erkannt und anerkannt war, bis jetzt, wo man seine Funktion nicht kannte, von der Anatomie eigentlich als ohne Funktion und Zweck angesehen worden sein muss. Es ist also an die Anatomie die Frage zu stellen: Gibt es im Kopfe des Menschen, nahe dem Zentrum, im Medianschnitt, etwa in Stirnhöhe ein Organ, das heißt ein von seiner Umgebung deutlich unterschiedenes Gebilde, welches einen sehr feinen Bau besitzt, und zwar ein solches, für das man bisher einen eigentlichen Daseinszweck nicht nachzuweisen vermochte?

Die Anatomie antwortet mit Ja! — Es gibt tatsächlich ein solches Organ von genau dem Aussehen, wie wir es vorausgesagt haben und genau an der Stelle, wo wir es vermutet haben. Dieses geheimnisvolle Organ, dessen Zweck bisher unbekannt war, ist die sogenannte „Zirbeldrüse!" — jene Drüse, welche schon im Mittelalter einmal für den Sitz der menschlichen Seele gehalten worden ist.

Die Zirbeldrüse entspricht tatsächlich, soweit der Verfasser als Nichtmediziner beurteilen kann, recht gut den Anforderungen, welche wir an das gesuchte Antennenorgan gestellt haben. —

Sie ist genau richtig gelegen, einzahlig vorhanden; ja noch mehr, sie besteht aus zwei Hälften, von denen nur die eine als Drüse mit innerer Sekretion bezeichnet werden kann, während die andere eine überaus feine Struktur besitzt. Sie entspricht auch der Bedingung, dass ihr eigentlicher Zweck bisher nicht gefunden worden war und man von ihr nur wusste, dass gewisse Störungen an ihr mit geistigen Abnormitäten des davon Betroffenen in innigem Zusammenhang stehen. — Auch dieses letzte Argument könnte nur als günstig im Sinne unserer Vermutung ausgelegt werden.

Natürlich wollen wir uns nicht dazu versteigen, die Zirbeldrüse ausgesprochen als jenes Organ zu bezeichnen, von welchem wir die Absendung und Aufnahme der psychophysischen Wellenzüge abhängig machen. Sollte sich diese unsere Vermutung als falsch erweisen, so wäre unserer Theorie von der psychophysischen Welle noch kein Eintrag getan. Es könnte dann immer noch eine direkte Antennenfähigkeit des Gehirns selbst angenommen werden.

Als Vermutung aber möchten wir die Meinung, dass die Zirbeldrüse das gesuchte dritte Auge des Menschen sei, nicht unausgesprochen lassen.

FREIE VERSUCHE MIT FOTOGRAFIEN.

Die überraschenden Erfolge des Schädelversuches in der Kamera mussten den Verfasser bald auch auf den Gedanken bringen, nachdem einmal die Aufnahmefähigkeit für solche Strahlungen erkannt und die Sicherheit in der Beurteilung der auftretenden Empfindungen einigermaßen gefestigt war, auch freie Versuche mit Bildern anzustellen, welche vor den Kopf gehalten würden.

Diese Versuche haben sehr bald das Interesse in dem höchsten Maße in Anspruch genommen.

Zuerst ließ der Verfasser sich die Bilder von einer Assistenz bei verbundenen Augen vor den Kopf halten. Es zeigten sich im Prinzip dieselben Gefühle wie beim Kameraversuch und es war möglich, über die Bilder Auskünfte, ob lebend oder tot, männlich oder weiblich zu geben. Die Erfolge setzten mit ungefähr 65% Treffern ein, also mit der gerade nach der Theorie am ehesten zu erwartenden Zahl, und verbesserten sich langsam in der Treffsicherheit bis in die 70% hinein. Dann aber bewirkte der Verfasser ein sprunghaftes Hinaufschnellen der Trefferprozente dadurch, dass er sich systematisch Bilder von lebenden Männern, dann von lebenden Frauen, dann von Toten vorlegen ließ, um sich das besondere Gefühl in jedem Falle recht gut einzuprägen. Eine unmittelbar nachher angestellte allgemeine Versuchsreihe ergab sofort 84% Treffer und nur mehr 16% Irrtümer.

Aber es ereigneten sich auch Fälle, in welchen die Deutung eine noch weit vollkommenere war und wo das Gewicht der Leistung weit über die einfache Wertung jedes Treffers hinausgeht. So war es wiederholt möglich, ein bestimmtes Bild, das unter mehreren Dutzenden von verschiedenen Bildern, die alle nur je einmal vorgelegt wurden, mehrere Male vorgelegt wurde, bei jeder Wiedervorlegung mit Bestimmtheit als solches zu bezeichnen und namhaft zu machen, dass es dasselbe sei, welches schon vorgelegt worden. Es war möglich von Bildern, welche zwei oder mehrere Personen enthielten, sofort dies zu erkennen und anzugeben, welchen Geschlechtes diese Personen seien. Auch Bilder, die einen Lebenden und eine tote Person enthielten, wurden richtig erkannt. Ja noch weit mehr, es war einige Male möglich, ganz erstaunliche Einzelheiten über das vorgelegte Bild auszusagen. Insbesondere zeigte sich, dass auch optisch kontrastreiche Dinge auf dem Bild auch psychophysisch am leichtesten wahrgenommen werden können. Glänzende Knöpfe an Kleidern, überhaupt glänzende Gegenstände im Vorder- oder Hintergrund werden meistens verhältnismäßig leicht richtig erkannt und gedeutet. Um eines der vollkommensten Beispiele zu erwähnen, welches durchgeführt werden konnte, diene nachfolgender Bericht. Die Auskunft auf Grund der psychophysischen Eindrücke lautete: Das Bild stellt einen lebenden Mann vor. Es kann kein ganzes, aber auch kein Brustbild sein, dürfte etwa bis zu den Knien reichen. Der Mann muss in den besten Jahren sein. Er macht einen sehr strammen Eindruck.

Er hat keinen Hut auf. Die Haare sind dunkel und glatt frisiert. Das eine Ohr steht so, dass es sich gut gegen den Hintergrund abhebt. Der Mann ist rasiert, hat aber vielleicht einen Schurrbart. Die Halsbekleidung erscheint dunkel, er hat wohl keinen weißen Kragen mit Krawatte an, vielmehr macht es mir den Eindruck, als trüge er einen hochgeschlossenen Rock. Dieser muss sehr eng anliegend sein. Die Arme sind im allgemeinen herabhängend. In der einen Hand hält er seine Kopfbedeckung, in der anderen einen glänzenden Gegenstand. Der Rock hat vier glänzende Knöpfe."

In der Tat handelte es sich um das Porträt eines strammen Offiziers in Waffenrock, der ausgerechnet vier auf der Fotografie besonders hervorglänzende Knöpfe zeigte.

In einem andern Falle lautete die Auskunft folgendermaßen: Das Bild muss zwei Personen vorstellen, von denen die eine männlich, die andere weiblich ist. Der Herr, der übrigens jung ist, dürfte einen schwarzen Salonanzug tragen, dagegen die ebenfalls sehr junge Dame ein helles Kleidchen anhat, welches sich zum Teil wenigstens vor dem dunklen Anzug des Herrn projiziert. Beide Gestalten müssen ziemlich eng beieinanderstehen. Im Ganzen macht es mir den Eindruck, als sei es eine fotografierte Tanzpose. Der Herr trägt keinen Hut, die Dame ebenfalls nicht, sondern eine Frisur, welche ihre vielen und blonden Haare zeigt.

Das Bild stellte tatsächlich ein Tanzpaar vor und die Angaben stimmten in allen Details.

Diese beiden ausführlichen Auskünfte wurden allerdings nur bei offen gehaltenem Bilde gegeben, wenn auch dafür gesorgt worden war, dass die Assistenz keine Suggestion ausübte. Es wurden aber nach dem Gelingen der ersten Experimente die allermeisten Versuche wieder in der ganz einwandfreien Form gemacht, dass die Bilder in verschlossene Kuverts gesteckt wurden, auf welchen nur eine Nummer geschrieben stand, so dass Experimentator und Assistenz nicht wissen konnten, welches Bild in welchem Kuvert enthalten war.

Auch in diesem Falle wurden bis zu 80% Treffer erzielt und die Angaben waren auch in manchen Fällen in Bezug auf Details des Bildes, welche einen Zweifel an einer besonderen Wahrnehmung nicht mehr zulassen, richtig.

ZUSAMMENFASSUNG DER ERGEBNISSE.

Soweit die mit durchaus bescheidenen Mitteln, aber in dem ehrlichen Bestreben angestellten Versuch dieser ersten Gruppe schon eine Zusammenfassung von Ergebnissen gestatten, und die durch sie erbrachte Wahrscheinlichkeit für die Realität der beobachteten Phänomene nach aller Mathematik schon recht sehr an Gewissheit heranreicht, kann am Schluss dieser Zeilen gesagt werden:

Es scheint dem Verfasser, als ob die bisherigen Versuchserfolge die Existenz einer besonderen Wellenart, welche in bevorzugter Weise Träger psychischer Inhalte sein kann, mit einer hohen Wahrscheinlichkeit ergeben hätten. Jedenfalls aber ist kein Versuch so ausgefallen, dass er sich im direkten Widerspruch mit der philosophischen Theorie der psychophysischen Welle befände.

Die Versuche aber können ihrer ganzen Art nach nur als abgeschlossen in erster Gruppe bezeichnet werde, denn sie stellen tatsächlich nur alleranfänglichste Experimente vor, die durch methodische Fortführung erst ihre wahre Beweiskraft und ihren Wert in Bezug auf die Hinordnung zur Lösung großer Probleme erhalten können.

HINWEISE AUF KÜNFTIGE FORSCHUNGEN.

Es ist hier nicht der Ort, weit ausholend alle diejenigen Möglichkeiten öffentlich zu erörtern, welche sich aus den bereits erlangten Resultaten zu erschließen scheinen, um auf neue Weise in die geheimnisvollen Zusammenhänge einzudringen. Gewiss hat sich der Verfasser schon eine ganze Reihe von neuen Versuchsanordnungen ausgedacht, welche solchen Zielen zuführen müssen. Die hier beschriebenen grundlegenden Experimente wurden bereits in der verschiedensten Weise variiert (z. B. wurden Bilder im verschlossenen Kuvert vor die Stirne gehalten und das siderische Pendel in der Hand angewendet. Es zeigten sich die zutreffenden Pendelschwingungen etc.) Aber alle diese Abänderungen tragen noch nicht den Charakter der wahrhaft systematischen Forschung, wie die moderne Naturwissenschaft sie verlangt. Freilich sind mit den geringfügigen zur Verfügung stehenden Mitteln solche systematische Reihen auch nicht wohl durchführbar. Das kann erst dann zum Programm einer Forschungstätigkeit erhoben werden, wenn ein eigenes Laboratorium und neben hinreichender instrumenteller Ausrüstung auch eine diesen Zwecken allein gewidmete Zeit zur Verfügung steht. Dann freilich ließe sich eine sehr mannigfaltige Tätigkeit entfalten. Um nur einiges anzudeuten:

Es wäre notwendig, Hunderte von Pendelversuchen anzustellen, wobei alle physikalischen Daten des Phänomens (Pendelausschlag, Achsenverhältnis der Ellipsen etc. etc.) genau verfolgt werden. Es wären alle Argumente bei den Versuchen der Reihe nach und selbstständig zu variieren. Zum Beispiel Pendellänge, Ringgewicht, Ringmaterial. Dann wäre die genaue Abhängigkeit vom zu bependelnden Objekte zu erforschen, dann das Gesetz, mit welchem in der Entfernung die Strahlungsintensität abnimmt. Es wären Versuche mit Spiegelung, Brechung, Konvergenz, Divergenz, Zerlegung durch Prismen in Bezug auf psychophysische Wellen anzustellen. Es wären verschiedene Personen den Versuchen beizuziehen. Es wäre wieder die körperliche Disposition in ihrer Abhängigkeit von verschiedenen Faktoren zu ermitteln usw.

Eine nahezu unendliche Schar von Experimenten lässt sieh angeben. Die Physik, in Erforschung der rein physikalischen Verhalten, die Chemie in der Ermittlung besonders geeigneter Präparationen für psychophysische Abbildung, die Medizin in Sachen der Zirbeldrüsenfrage wären mit interessiert an der Fortführung der Versuche, deren letzten Konsequenzen heute noch nicht abzusehen sind.

Unter allen den Aussichten, welche sich uns vom neuen Standpunkt der psychophysischen Wolle und eines zu deren Aufnahme geeigneten Organes eröffnen, ist aber, wenigstens vorläufig, scheinbar die verlockendste, welche uns durch Konstruktion von psychophysischen Kondensoren eine bedeutende, vielleicht mehrhundertfältige Steigerung der schon heute nahezu wunderbaren Leistungen der besten Meister der Telepathie, Psychographologie etc. verheißt.

Im Vergleich zu dem scharfen Sehen mit unseren leiblichen Augen kann das, was diese „Seher" schauen, immerhin höchstens mit demjenigen verglichen werden, was ein leiblich Starblinder zu erkennen vermag. Die groben Züge, die unmittelbarsten Kontraste, lebend, tot, männlich, weiblich und in Bezug auf den Charakter ganz besonders hervorstechende Momente, das vermögen die Meister dieser geheimnisvollen Fähigkeiten wohl anzugeben, nicht aber jenes Detail, das uns gerade am allermeisten interessieren würde.

Wenn aber alles das, was wir hier vorgebracht haben, sich als vollwertige Wahrheit erweisen sollte, dann dürfen wir berechtigte Hoffnung bauen, dass es sehr bald möglich werden wird, durch die Konstruktion psychophysischer Kondensorbrillen, die Fähigkeit der Wahrnehmung ohne Mitwirkung der äußeren Sinne ganz ungeheuer zu steigern. — Der Gedanke an einen solchen Apparat hat durchaus nichts Widersinniges. Schließlich ist jedes unserer Instrumente, Fernrohr, wie Mikroskop, Mikrophon u. dgl. nichts anderes, als eine Vorrichtung, welche nach Erkenntnis der in Betracht kommenden Naturgesetze auf eine Erweiterung der menschlichen, eng begrenzten, natürlichen Wahrnehmungsfähigkeiten hingeordnet ist. — Es lässt sich daher heute ebenso wenig absehen, was dereinst mit Hilfe psychophysischer Brillen, Objektive, Teleskope, Polarisationsapparate, psychischer Spektroskope alles wird geleistet werden können, als es z. B. zur Zeit Galileis vorauszusehen war, was mit Hilfe der Lichtstrahlen alles für Erkenntnisse durch die besonderen Instrumente zur Auslegung der Lichtbotschaft erlangt werden könnten.

Kein besseres Wort glauben wir an den Schluss dieser Schrift setzen zu können, als die Behauptung, welche sich gewiss erfüllen wird, wenn sich die hier vorgetragenen ersten Forschungen späterhin durch viel vollkommenere Untersuchungen bestätigen lassen: Wahrlich derjenige, welcher auf diesem geistigen zyklopischen Einauge in Vollkommenheit sehend wäre, der dürfte leicht auf seine beiden leiblichen Augen verzichten können, denn dieses dritte Auge des Menschen muss dann, wenn es die Höhe seiner Entwicklung dereinst erreicht haben wird, von einer alle Dinge mit solcher Gewalt durchdringenden Kraft sein, dass alle Kenntnis, welche uns heute die Summe unserer fünf Sinne vom Naturgeschehen um uns und in uns schafft, gegen diese unvergleichlich tiefere Erkenntnis verblassen wird.

Sollte wohl gar jener Mythos
von den einäugigen Zyklopen
sich auf eine ganz neue,
unerwartete Weise
bewahrheiten?

Vom Einmaleins zum Integral

Colerus nimmt die dankenswerte, aber auch schwierige Aufgabe auf sich, Freunde und Feinde der Mathematik zu versöhnen. Es gibt eine große Anzahl Menschen, die sich konstitutionell für unfähig halten, sich für Mathematik zu begeistern. Für solche wurde dieses Buch geschrieben, nicht von einem Mathematiker, sondern von einem Künstler der Worte. Aus einer souveränen Beherrschung der Materie heraus hat Colerus diese Aufgabe unternommen und jeder Leser wird ihm für die schönen Gleichnisse und Bilder, den geradezu persönlichen Verkehr zwischen Leser und Verfasser, dankbar sein. So wird die Durcharbeitung des Buches zu einem Genuss. (Die Rote Edition Bd. 32: Nachdruck der Ausgabe von 1937)

Vom Einmaleins zum Integral

Untertitel: Mathematik für Jedermann
Autor: Colerus, Egmont
Medium: Buch
Buch-ISBN: 9783754338117

In diesem Werk geht es nicht über die Erklärung der Phänomene des Gedankenlesens, sondern es werden praktischen Anleitungen gegeben, die verstanden, beherrscht und demonstriert werden können.

Praktisches Gedankenlesens

Untertitel: Ein Kurs mit praktischer Unterweisung zur Gedankenübertragung

Autor: William Walker Atkinson
Medium: Buch, E-Book
Buch-ISBN: 9783754352458
E-Book-ISBN: 9783754394700

Die Blaue Edition Bd. 3

Der Spiritismus ist ohne Zweifel die paradoxeste aller Wissenschaften und er wird es wohl noch lange bleiben. Das liegt offenbar nur daran, dass ihm alle verbindenden Fäden mit dem, was heute als Wissenschaft anerkannt ist, zu fehlen scheinen, ja dass er der heutigen Wissenschaft zu widersprechen scheint. In Wirklichkeit ist das allerdings nicht der Fall. Es existieren Fäden, die den Spiritismus mit anderen Wissenszweigen verbinden. Der Autor will die Lücke ausfüllen, die den Spiritismus von unserem sonstigen Wissen zu trennen scheint; es fehlt nicht an verbindenden Zwischengliedern, nur sind sie wenig bekannt. Es sind wissenschaftliche Trittsteine, die sich benutzen lassen, um das Ufer des Spiritismus zu erreichen, ohne dass man genötigt wäre, den Sumpf des Aberglaubens zu durchwaten.
Es handelt sich um ein richtungsweisendes Werk eines großen Philosophen im Bereich der experimentellen Psychologie.

DER SPIRITISMUS

Untertitel: In Neusatz und aktueller Rechtschreibung

Autor: du Prel, Carl
Medium: Buch, E-Book
Buch-ISBN: 9783754372852
E-Book-ISBN: 9783754399446